T0207520

Die sensorische Fachsprache

Dorota Majchrzak
Caroline Schlinter-Maltan

Die sensorische Fachsprache

Nachschlagewerk für die qualitativen und quantitativen Aspekte von Lebensmitteln

Dorota Majchrzak
Wien, Österreich

Caroline Schlinter-Maltan
Wien, Österreich

ISBN 978-3-658-22813-2 ISBN 978-3-658-22814-9 (eBook)
https://doi.org/10.1007/978-3-658-22814-9

Die Deutsche Nationalbibliothek verzeichnet diese Publikation in der Deutschen Nationalbibliografie; detaillierte bibliografische Daten sind im Internet über http://dnb.d-nb.de abrufbar.

Springer Spektrum

Gedruckt auf säurefreiem und chlorfrei gebleichtem Papier

Springer Spektrum ist ein Imprint der eingetragenen Gesellschaft Springer Fachmedien Wiesbaden GmbH und ist ein Teil von Springer Nature
Die Anschrift der Gesellschaft ist: Abraham-Lincoln-Str. 46, 65189 Wiesbaden, Germany

Vorwort

Die deskriptiven sensorischen Tests stellen eine grundlegende Methodik für die Evaluierung von Lebensmittel dar und umfassen sowohl die qualitativen als auch die quantitativen Aspekte von sensorischen Eigenschaften eines Produktes. In der qualitativen Phase dieser Verfahren werden die Produktmerkmale über Aussehen, Geruch/Flavour, Geschmack, Textur/Mundgefühl, Geräusch sowie Nachgeschmack zusammengestellt und definiert. In weiterer Folge quantifiziert ein trainiertes Panel die Intensität dieser Produkteigenschaften mithilfe einer Skala um anschließend ein Produktprofil zu erstellen.

Da die Übersetzung von Sinneseindrücken sich als schwierig gestaltet und die Wörterbücher oft viele verschiedene Übersetzungen eines einzigen Wortes zeigen, kann das Arbeiten nur mit Worten oft zu Missverständnissen führen.

Das Zusammenstellen der Charakteristika eines Produktes und das Definieren der Produkteigenschaften erlaubt die Reduktion von Ambivalenzen in der Bedeutung der ausgewählten, produktspezifischen Attribute innerhalb des Panels, das an der sensorischen deskriptiven Evaluierung beteiligt ist.

Die verwendete Sprache soll daher einen adäquaten Bezug zur menschlichen Wahrnehmung der sensorischen Eigenschaften eines Produktes aufweisen und folgende Kriterien erfüllen: die Relevanz zum Produkt, die klare Unterscheidbarkeit zwischen den Proben, die Wichtigkeit für die Beschreibung und die kognitive Klarheit für die Prüfpersonen.

Die Entwicklung solch einer sensorischen Fachsprache für den deutschsprachigen Raum ist ein wichtiger und wesentlicher Beitrag zur Verbesserung der Kommunikation auf dem Gebiet der Sensorik, der auch die internationalen Vergleiche erleichtern sollte.

Das vorliegende Buch soll daher als Nachschlagewerk zur sensorischen Fachsprache im deutschsprachigen Raum verstanden werden. Die Auflistungen der Attribute und Definitionen sind eine eigene Zusammenstellung auf Basis der englischen Literatur. Die Begriffe stimmen aber nicht immer 100% mit den englischen überein, um so die landesspezifischen Produkte und Formulierungen zu berücksichtigen.

Wien, 11. Mai 2018

Dorota Majchrzak

Caroline Schlinter-Maltan

Inhaltsverzeichnis

Tabellenverzeichnis

1 Einleitung

1.1 Sensorische Deskriptoren und ihre Translation

Im Laufe vieler Lebensmitteluntersuchungen wurde die Wichtigkeit der Sprache immer wieder deutlich aufgezeigt, sodass es als unumstritten galt und immer noch gilt, dass nur eine objektive, allgemein gültige und generell anerkannte Sprache bzw. ein Lexikon eine effektive Basis für die Kommunikation auf dem Gebiet der Lebensmittel – und auch Getränkeindustrie darstellen. Die Globalisierung des Lebensmittelhandels verursachte ein steigendes Interesse in der Übersetzung sensorisch-deskriptiver Fachtermini. Der Einfluss von Kultur auf die Sprache und die Beziehung zwischen Wort und Bedeutung sowie die Verbalisierung sensorischer Stimuli und die Organisation eines Systems zur Erstellung einer Fachsprache sind wesentliche Punkte und Kriterien, mit denen es sich zu beschäftigen gilt (ZANNONI 1997). Die sensorische Evaluation befasst sich mit der Interpretation dessen, was die Sinne - Sehen, Riechen, Schmecken, Tasten, Hören – über ein Produkt vermitteln. Die ausgewählten und verwendeten Deskriptoren sollen daher einen adäquaten Bezug zur menschlichen Wahrnehmung der sensorischen Eigenschaften eines Produktes aufweisen. Im Idealfall sind diese Attribute gleichzeitig eine wahrheitsgetreue „Etikette", die das Produkt und seine Merkmale angemessen kennzeichnet. Doch die Verbalisierung eines sensorischen Terms ist ein komplexes Unterfangen, da ein einfaches Wort oft weder exakt mit Konzepten noch mit persönlichen Erfahrungen korreliert (GIBOREAU et. al 2007). Das Verwenden von Definitionen führt zur Reduktion von Ambivalenzen in der Bedeutung eines Merkmals zwischen den Prüfpersonen. Es hilft ihnen dabei, ihr Wissen über den sensorischen Raum mithilfe der Analyse zu strukturieren. Präzise Definitionen dienen außerdem dazu, eine kommunikative Absicht außerhalb des Prüfpanels zu realisieren. Schließlich sind diese Definitionen essentiell für die Übersetzung, da sich Wort-für-Wort-Translationen als schwer durchführbar herausgestellt haben (DRAKE 1989). Denn die größte Barriere der internationalen sensorischen Evaluierung ist die Sprache, welche im Besonderen von Kultur, Lebensweise und Tradition beeinflusst wird. Daher ist die Sprache ein Abbild der Realität, nicht jedoch die Realität selbst. Infolgedessen kann das Arbeiten alleinig mit Worten oft zu Missverständnissen führen, was sich auch darin bestätigt, dass Wörterbücher oft viele verschiedene Übersetzungen eines einzigen Wortes anführen. Gerade in der Übersetzung von Sinneseindrücken liegt die Schwierigkeit, deshalb sollte die Beziehung zwischen sensorischen Stimuli und den verwendeten, beschreibenden Worten immer aus einem kulturellen Blickwinkel beurteilt werden. Aufgrund dieser Erkenntnisse und dem Versuch interkulturelle Sprachbarrieren zu reduzieren, muss ein zukunftsorientierter Schritt in Richtung Lösungsansätze für diese Problematik am internationalen Markt gemacht und forciert werden. Bei Recherchen auf diesem Gebiet lässt sich jedoch ein Mangel an deutschsprachiger Literatur erkennen. Die Erstellung einer solchen Datenbank für den deutschsprachigen Raum, welche sich auf die bisher vorhandene englischsprachige Literatur bezieht, ist ein wichtiger und wesentlicher Beitrag zur Verbesserung der Kommunikation auf dem Gebiet der Sensorik. Die Entwicklung einer sensorischen Fachsprache soll es ermöglichen,

D. Majchrzak und C. Schlinter-Maltan, *Die sensorische Fachsprache*,
https://doi.org/10.1007/978-3-658-22814-9_1

beziehungsweise erleichtern, internationale Vergleiche anzustellen und dadurch Rückschlüsse auf beeinflussende Faktoren zur Konsumentenakzeptanz eines Produktes ziehen zu können (KRINSKY et al., 2006). Das vorliegende Buch soll daher als Nachschlagewerk zur sensorischen Fachsprache im deutschsprachigen Raum verstanden werden. Zur Schaffung einer besseren Transparenz und Klarheit wurden die Zusammenfassungen der Attribute inklusive deren Definitionen in einer freien, einheitlichen und konsequenten Form gewählt. Die Auflistungen der Attribute und Definitionen sind eine eigene Zusammenstellung auf Basis englischer Literatur, die jedoch nicht 100% mit den englischen Begriffen übereinstimmt, um so die landesspezifischen Produkte und Formulierungen zu berücksichtigen. Das Buch soll zu einer Vereinfachung der wissenschaftlichen und interdisziplinären Arbeiten dienen, um eine verständliche und erweiterbare Grundlage zur sensorischen Fachsprache bereitstellen zu können.

1.2 Deskriptive Analyse

Im Laufe der Jahre haben Lebensmittelunternehmen begonnen, das enorme Potential der sensorischen Analyse zur Produktentwicklung, Preissteigerung, Qualitäts-sicherung und Verbesserung des Marketings zu erkennen und daher entschieden, ihr Kapital in die Professionalität auf diesem Gebiet zu investieren. Infolgedessen wurden die deskriptiven Methoden zur Produktcharakterisierung eingesetzt, da sie sich als der beste Weg erwies, aufzuzeigen, wie sich ein Produkt von einem Konkurrenten hervorhebt oder sich unterscheidet. Deskriptive sensorische Tests zählen zu den hochentwickeltsten und fortschrittlichsten Werkzeugen im Depot eines sensorischen Wissenschaftlers und umfassen den Nachweis (Diskriminierung) und die Beschreibung sowohl der qualitativen als auch der quantitativen sensorischen Komponenten eines Produktes durch ein trainiertes Panel (LAWLESS und HEYMANN 2010). Der qualitative Aspekt eines Produktes inkludiert Merkmale über Aussehen, Geruch/Flavour, Geschmack, Textur, Nachgeschmack sowie Geräusch und unterscheidet es dadurch von den anderen Produkten (MEILGAARD et al. 1999). Sensorische „Richter" quantifizieren in weiterer Folge diese Produkteigenschaften, um die Beschreibung der wahrgenommenen Attribute zu ermöglichen bzw. zu erleichtern. Die größte Stärke der deskriptiven Analyse liegt in ihrer Fähigkeit, Beziehungen zwischen sensorischen und instrumentalen Messungen oder Untersuchungen zu Konsumenten-Vorlieben zu ziehen. Das Wissen über „gewünschte Kompositionen" ermöglicht es Produktoptimierungen zu realisieren, um so auf besondere Vorlieben eingehen zu können, was sich in der Lebensmittelindustrie als essentiell für die Schaffung eines Wettbewerbsvorteils und die Steigerung des Marktanteils erwiesen hat. Darüber hinaus werden deskriptive sensorische Analysen auch zur Qualitätskontrolle genutzt, um Vergleiche zwischen Produkten erstellen und Veränderungen eines Produktes über einen längeren Zeitraum verfolgen zu können. Dabei werden sämtliche Einflüsse auf Verarbeitung, Verpackung und Lagerung des Produktes sowie die daraus resultierende Haltbarkeit bewertet und entsprechende Modifikationen vorgenommen, um die Produktqualität stabil zu halten bzw. zu verbessern und dadurch den Anforderungen des Konsumenten gerecht werden zu können. Denn der Konsument stellt sehr hohe Ansprüche und restriktive Forderungen, an Lebensmittel, verbunden mit den Schlagwörtern Gesundheit, Natürlichkeit, Qualität, Sicherheit und Nutzen, die neben all diesen Kriterien vor allem ein ansprechendes Aussehen sowie entsprechenden Geruch/Flavour, Geschmack und Textur aufweisen sollten. Die „Quantitative Deskriptive Analyse“ wurde in den 1970er Jahren entwickelt und stellt heute eine der am häufigsten eingesetzten Methoden dar, um die Intensität von Produktmerkmalen zu skalieren und daraus klar definierte, standardisierte Fachsprachen zu entwickeln (STONE et al. 1974, STONE und SIDEL 1993). Bei dieser Vorgehensweise werden jene Attribute, welche sich am präzisesten auf das Lebensmittel beziehen, mithilfe eines hochqualifizierten Panels identifiziert und quantifiziert. Die Zusammenstellung dieser Produktmerkmale findet infolge Anwendung in der Evaluation des Produktes; die verwendete Sprache muss folgende Kriterien erfüllen: die Relevanz zum Produkt, die klare Unterscheidbarkeit zwischen den Proben, die Wichtigkeit für die Beschreibung und die kognitive Klarheit für die Prüfpersonen. Eine mögliche Limitierung dieser Methode ergibt sich durch das Auftreten von Schwierigkeiten beim Vergleich zwischen verschiedenen Panels und Labors, welche jedoch durch die Fokussierung auf relative und nicht absolute Unterschiede zwischen den Produkten verringert werden können. Letztendlich lässt sich ein steigender Trend im Einsatz der deskriptiven sensorischen Methoden erkennen, weshalb es wichtig ist, in die Weiterentwicklung und Optimierung dieser und zukünftig entwickelter Methoden zu investieren.

2 Methode

Um eine gute Struktur des Buches zu gewährleisten, erfolgte die Unterteilung und Zusammenstellung der Produkte anhand der Nährwerttabellen von SOUCI et al. (2016) in folgende Produktgruppen:

- Milch
- Eier und Eiprodukte
- Fette
- Fleisch
- Fisch
- Getreide
- Gemüse
- Früchte
- Honig, Zucker, Süßwaren
- Alkoholhaltige Getränke
- Erfrischungsgetränke
- Kakao
- Kaffee und Tee
- Würzmittel und Mayonnaise

Die erstellten Tabellen wurden nach den Kategorien Aussehen, Geruch, Flavour, Geschmack, Textur/Mundgefühl sowie Nachgeschmack der Produkte gegliedert, welche wie folgt definiert wurden:

Aussehen: die visuelle Wahrnehmung der optischen Eigenschaften des Produktes (Farbe, Form, Struktur).

Geruch: orthonasale Wahrnehmung; Wahrnehmung der Aromastoffe direkt über die Nase.

Flavour: retronasale Wahrnehmung der Aromastoffe, die während des Essvorganges freigesetzt werden.

Geschmack: gustatorischer Geschmack; Geschmackseindruck vermittelt über die Geschmacksrezeptoren. Unterteilt in die fünf Grundgeschmacksarten:

Bitter: „Grundgeschmack assoziiert mit Koffeinlösungen "

Salzig: „Grundgeschmack assoziiert mit Kochsalz-Lösungen"

Sauer: „Grundgeschmack assoziiert mit Zitronensäurelösungen"

Süß: „Grundgeschmack assoziiert mit Saccharoselösungen"

Umami „Grundgeschmack assoziiert mit Mononatriumglutamat-Lösungen"

Textur: nicht orale Wahrnehmung der Textur (mit Hand bzw. Löffel)

Mundgefühl: orale Wahrnehmung von haptischen und trigeminalen Eindrücken

Nachgeschmack: verbleibender Geschmacks-/Flavour-Eindruck, 30 Sekunden nach dem Schlucken.

D. Majchrzak und C. Schlinter-Maltan, *Die sensorische Fachsprache*,
https://doi.org/10.1007/978-3-658-22814-9_2

3 Sensorische Attribute inklusive Definitionen

3.1 Milch

3.1.1 Kuhmilch

Bei Milch handelt es sich um die aus den Milchdrüsen weiblicher Tiere abgesonderte Emulsion von Proteinen, Milchzucker und Milchfett in Wasser. Sie enthält alle lebensnotwendigen Nährstoffe, damit der Körper nach der Geburt aufgebaut und mit Energie versorgt werden kann. Die wichtigste Konsummilch ist die Milch der Kuh, zusätzlich sind auch die Milch von Schafen und Ziegen von einiger Bedeutung als Lebensmittel (EBERMANN und ELMADFA 2011).

<u>Kuhmilch als bedeutendste Milch enthält:</u>
- 3–5 % Fett (abhängig von Rasse, Futter und Haltung)
- 3–3,5 % Eiweiß
- 4–5 % Kohlenhydrate, vorwiegend Laktose (Milchzucker)
- 1 % Mineralstoffe (Calcium, Kalium, Natrium und Magnesium) sowie Vitamine (Vitamin A, D, E, C und Vitamine der Gruppe B), Zitronensäure, Diacetyl, Phospholipide, Fettsäureester des Glycerins, Carotinoide, Steroide und Stickstoffsubstanzen
- 83–87 % Wasser (EBERMANN und ELMADFA 2011).

So wertvoll Kuhmilch hinsichtlich ihrer ernährungsphysiologischen Eigenschaften grundsätzlich ist, so anfällig ist sie gleichzeitig gegenüber mikrobiellem Verderb. Qualitätsprüfungen enthalten daher neben der Feststellung der chemischen auch die mikrobiologische Qualität. Aufgrund der Infektionsgefahr wird die in den Handel gelangende Milch pasteurisiert (thermische Behandlung bei <100° Grad Celsius) und homogenisiert. „Gekocht", „erhitzt", „karamellisiert" das sind die Bezeichnungen für Flavour Attribute die durch chemische Veränderungen durch Erhitzung entstehen können, wie z.B. während den Maillard-Reaktionen, bei denen die Proteine mit reduzierenden Zucker reagieren (DÜRRSCHMID 2015). Die sensorischen Eigenschaften beeinflussen die Akzeptanz von Milch zu einem großen Ausmaß und sollten daher auch als ein wichtiger Qualitätsparameter berücksichtigt werden. Sensorische Schlüsselfaktoren sind somit Gegenstand vieler Untersuchungen um jene Charakteristika zu definieren, die die Beliebtheit und das sensorische Profil von Milch prägen. Sowohl die Fütterungsart, die technische Verarbeitungsweise, die Verpackung sowie Lagerungsbedingungen und andere Faktoren können einen starken Einfluss auf die Qualität des Produktes nehmen. Die Inhaltsstoffe, wie etwa der Fettgehalt von Milch beeinflussen die sensorischen Merkmale (FRØST et al. 2001) und können sowohl Textur und Mundgefühl als auch Aussehen und Flavour Eigenschaften verändern. Die Ausprägung der Attribute wie Cremigkeit und Mundbelag korreliert oftmals mit dem Fettgehalt der Milch

D. Majchrzak und C. Schlinter-Maltan, *Die sensorische Fachsprache*,
https://doi.org/10.1007/978-3-658-22814-9_3

(CHOJNICKA-PASZUN et al. 2012). Anhand des Fettgehaltes lassen sich handelsübliche Produkte unterteilen in Vollmilch (3,5%), fettarme Milch (1,5 - 1,8%) sowie Magermilch (0,5%).

Tab 1. Attribute inklusive Definitionen zur sensorischen Evaluierung von Kuhmilch

Attribut	Definition
AUSSEHEN	
Weiße Farbe	Visuelle Beurteilung der weißen Farbe
Gelbe Farbe	Visuelle Beurteilung der gelben Farbe
Bläuliche Farbe	Visuelle Beurteilung der bläulichen Farbe
Trübheit	Lichtdurchlässigkeit oder Lichtstreuung an der Oberfläche des Produktes
Optische Viskosität	Die Fließfähigkeit des Produktes, wenn man das mit dem Getränk vollgefüllte Glas bewegt
GERUCH/FLAVOUR	
Frische Milch	Geruch/Flavour assoziiert mit Produkten hergestellt aus Kuhmilch
Gekochte Milch	Geruch/Flavour assoziiert mit erhitzter Milch
Milchfett	Geruch/Flavour assoziiert mit Milchfett
Sahne	Geruch/Flavour assoziiert mit frischer Sahne
Milchpulver	Geruch/Flavour assoziiert mit Milch aus rekonstruiertem Milchpulver
Muffig	Geruch/Flavour assoziiert mit Keller, Dachboden, alten Büchern
Karton	Geruch/Flavour assoziiert mit nassem Papier oder Karton
Ranzig	Geruch/Flavour assoziiert mit oxidierten Fetten
Metallisch	Geruch/Flavour assoziiert mit einer wässrigen Eisensulfat-Lösung (Metalldosen, Münzen)
Animalisch	Geruch/Flavour assoziiert mit Kuh/Stall

Attribut	Definition
GESCHMACK	
Bitter	Grundgeschmack assoziiert mit Koffeinlösungen
Salzig	Grundgeschmack assoziiert mit NaCl-Lösungen
Sauer	Grundgeschmack assoziiert mit Zitronensäurelösungen
Süß	Grundgeschmack assoziiert mit Saccharoselösungen
TEXTUR/MUNDGEFÜHL	
Viskosität	Fließfähigkeit des Produktes im Mund
Mundbelag	Ausmaß des Belages bzw. Films auf Zunge, Lippen und Gaumen (im Mund)
Kalkig/Kreidig/Pudrig	Ausmaß eines trockenen, pudrigen Gefühls im Mund nach dem Schlucken
Samtig	Menge an kleinen, feinen Partikeln, wahrnehmbar durch sanftes Gleitenlassen der Probe über die Lippen, erinnert an Samt
Klebrig	Klebriger Eindruck an Gaumen oder Mundschleimhaut
Rauheit	Ein raues, grobkörniges Gefühl auf der Zunge und im Mund nach dem Schlucken
Adstringierend	Eindruck einer zusammenziehenden oder kribbelnden Empfindung auf den Oberflächen und/oder Seiten von Zunge und Mund, assoziiert mit Tanninen (z.B. Eindruck nach dem Trinken von schwarzem Tee)
NACHGESCHMACK	
Allgemeiner Nachgeschmack	Intensität des allgemeinen Nachgeschmacks (30 Sekunden nach dem Schlucken)

eigene Darstellung; Literaturquellen: DERNDORFER 2006, DÜRRSCHMID 2015, FRØST et al. 2001, KAYLEGIAN et al. 2013, MAJCHRZAK 2015

3.1.2 Laktosefreie Milch

So ernährungsphysiologisch wertvoll und geschmacklich hochwertig Kuhmilch auch ist, manche Menschen vertragen sie einfach nicht, genauer gesagt, den darin enthaltenen Milchzucker, die Laktose. Statistiken über die Häufigkeit von Laktoseintoleranz zeigen, dass immer mehr Menschen biologisch gesehen nicht in der Lage sind, die in der Milch enthaltene Laktose abzubauen. Steigende Zahlen haben die Industrie aufhorchen lassen, und so wurden die Bedürfnisse der Konsumenten durch ein immer größer werdendes Sortiment an laktosefreien Produkten gestillt (JELEN und TOSSAVAINEN 2003). Bei Laktose handelt es sich um einen Zweifachzucker, der aus der Verbindung zweier Einfachzucker (Glucose und Galactose) besteht und ist mit einem Anteil von rund 5 Prozent ein natürlicher Bestandteil der Milch. Im Darm wird der Milchzucker mithilfe eines Enzyms, der Laktase, in die beiden Einfachzucker gespalten. Wenn dieses Enzym fehlt oder in zu geringer Mengen bereitsteht, kann Laktose jedoch unterschiedliche Beschwerden verursachen. Bei der Herstellung laktosefreier Milch wird die Laktose entweder durch die Zugabe von Laktase gespalten oder aber durch Mikrofiltration entfernt. So entsteht Milch, die auch bei einer Laktose-Intoleranz gut verträglich ist. Diese kann wie sonst üblich in der Molkerei weiter behandelt und zu anderen Milchprodukten verarbeitet werden. Im Angebot ist frische oder ultrahocherhitzte Milch in mehreren Fettstufen. Durch die Verarbeitung der Milch ändern sich die Inhaltsstoffe, wie Eiweiß; Mineralstoffe, darunter Kalzium, Vitamine nicht und auch der Energiegehalt bleibt derselbe. Stellt man einen sensorischen Vergleich von laktosefreier Milch anhand des Fettgehaltes an, so weißt Magermilch mangelhafte Frische sowie weniger intensive Milchnoten auf. Bei ultrahocherhitzer laktosefreier Milch ist die Ausprägung der Eigenschaften „gekocht", „verarbeitet" und „kalkig/pudrig" stärker (ADHIKARI et al, 2010). Laktosefreie Milch zeichnet sich auch durch intensive Süße aus. Dies beruht auf einem interessanten Nebeneffekt der Laktose-Spaltung: Die Süßkraft der beiden Einfachzucker ist größer als die Süßkraft des Zweifachzuckers, das hat zur Folge, dass laktosefreie Milch süßer schmeckt als normale Kuhmilch (DÜRRSCHMID 2015).

Tab 2. Attribute inklusive Definitionen zur sensorischen Evaluierung von Laktosefreier Milch

Attribut	**Definition**
AUSSEHEN	
Farbe	Visuelle Beurteilung des Farbtons der Probe
Optische Viskosität	Die Fließfähigkeit des Produktes, wenn man das mit dem Getränk gefüllte Glas bewegt
GERUCH/FLAVOUR	
Frische Milch	Geruch/Flavour assoziiert mit Produkten hergestellt aus Kuhmilch
Gekochte Milch	Geruch/Flavour assoziiert mit erhitzter Milch
Getreideartig	Geruch/Flavour assoziiert mit gemahlenen und gerösteten Getreidekörnern
Milchfett	Geruch/Flavour assoziiert mit Milchfett

Attribut	Definition
Süßlich	Geruch/Flavour assoziiert mit süßlichen Substanzen enthalten in frischen Milchprodukten
Verarbeitet	Geruch/Flavour assoziiert mit unnatürlichen Noten; Ursache kann eine Veränderung oder Verfälschung des Produktes (wie Trocknen, Eindosen, Bestrahlen) sein
Oxidiert	Geruch/Flavour assoziiert mit oxidierten Fetten
GESCHMACK	
Bitter	Grundgeschmack assoziiert mit Koffeinlösungen
Salzig	Grundgeschmack assoziiert mit NaCl-Lösungen
Sauer	Grundgeschmack assoziiert mit Zitronensäurelösungen
Süß	Grundgeschmack assoziiert mit Saccharoselösungen
TEXTUR/MUNDGEFÜHL	
Viskosität	Fließfähigkeit des Produktes im Mund
Mundbelag	Ausmaß des Belages bzw. Films auf Zunge, Lippen und Gaumen (im Mund)
Kalkig/Kreidig/Pudrig	Ausmaß eines trockenen, pudrigen Gefühls im Mund nach dem Schlucken
Samtig	Menge an kleinen, feinen Partikeln, wahrnehmbar durch sanftes Gleitenlassen der Probe über die Lippen, erinnert an Samt
Adstringierend	Eindruck einer zusammenziehenden oder kribbelnden Empfindung auf den Oberflächen und/oder Seiten von Zunge und Mund, assoziiert mit Tanninen (z.B. Eindruck nach dem Trinken von schwarzem Tee)
NACHGESCHMACK	
Allgemeiner Nachgeschmack	Intensität des allgemeinen Nachgeschmacks (30 Sekunden nach dem Schlucken)

eigene Darstellung; Literaturquellen: ADHIKARI et al. 2010, JELEN und TOSSAVAINEN 2003

3.2 Milchprodukte

3.2.1 *Naturjoghurt aus Kuhvollmilch*

Fermentation ist eine der ältesten Methoden, um Milch in Produkte mit längerer Haltbarkeit umzusetzen. Die ersten Sauermilchprodukte entstanden durch spontane Fermentation der in Milch enthaltenen Milchsäurebakterien. Auf Grund des unverwechselbaren Flavours, der typisch viskösen Konsistenz und der glatten Textur der fermentierten Milchprodukte, stellten diese eine willkommene Alternative zur Milch dar (CHANDAN 2013). Joghurt selbst lässt sich als ein stichfestes, halbfestes oder flüssiges (trinkbares) Sauermilcherzeugnis beschreiben, das aus pasteurisierter Milch und durch Zusatz von thermophilen Milchsäurebakterien hergestellt wird. Bei den eingesetzten Bakterien handelt es sich um die Arten *Streptococcus salivarius subsp. thermophilus* und *Lactobacillus delbrueckii subsp. Bulgaricus* (CHANDAN und O´RELL 2006). Die Starterkultur ist eine wichtige Komponente in der Joghurtherstellung, deren generelle Funktion die Produktion von Milchsäure ist. Milchsäure trägt zu dem erfrischend, sauren Geschmack von Joghurt bei (PANAGIOTIDIS UND TZIA 2001). Während der Joghurtproduktion wird die Laktose aus der Milch von den Milchsäurebakterien zu Glukose und Galaktose und weiter zu Milchsäure umgewandelt. Rechtlich ist es nicht erlaubt, Joghurt nach der Fermentation noch Bindemittel zuzusetzen oder es mit Wärme zu behandeln (SPREER 2011). Bei der Fermentation bilden sich die charakteristischen sensorischen Merkmale wie Geschmack, Flavour, Konsistenz und Textur. Der Fettgehalt in Joghurt hängt von dem der Milch ab, wird jedoch vor der Fermentation standardisiert, um im Endprodukt den gewünschten Anteil zu erhalten, der zwischen 0% und 10% Fett variieren kann (HILL und KETHIREDDIPALLI 2013). Bei 0-0,5% Fettgehalt spricht man von Magermilchjoghurt, fettarmes Joghurt enthält 1,5-1,8% Fett, normales Joghurt 3,5% und bei 10% Fettgehalt bezeichnet man es als Sahne- oder Rahmjoghurt. Eigenschaften der Textur wie Homogenität, Viskosität und Glätte stehen in engen Zusammenhang mit dem Fettgehalt. Ebenso trägt Fett als ein wichtiger Geschmacksträger auch zur Freisetzung von Aromen bei (BRAUSS et al. 1999). Bei einem höheren Fettgehalt zeigt sich eine stärkere Ausprägung des sahnigen Flavours und des süßen Geschmacks. Die sensorischen Eigenschaften von Joghurt werden durch verschiedene Aromabestandteile, welche vom Fett-, Protein- und Kohlenhydratgehalt in der Milch abhängen, beeinflusst. Joghurt enthält mehr als 90 Aromabestandteile, zu denen Carbonylverbindungen, flüchtige und nicht flüchtige Säuren gehören. Diese kommen einerseits natürlicherweise in Kuhmilch vor und werden andererseits durch Abbau von Laktose und Citrat mittels Milchsäurebakterien bei der Fermentation (OTT et al., 1997) oder durch Proteolyse, Lipolyse und Oxidation der Fettsäuren im Milchfett, gebildet (McGORRIN 2001). Von den Carbonylverbindungen leistet Acetaldehyd neben Milchsäure den größten Beitrag zum typischen Joghurtflavour (OLIVEIRA 2014). Diacetyl, das durch die Fermentation von Citrat, welches in der Milch natürlich vorkommt, entsteht, stellt eine weitere wichtige flüchtige Aromakomponente dar und verleiht dem Joghurt einen buttrigen/sahnigen Flavour (VEDAMUTHU 2013). Weiters trägt das Verhältnis zwischen Acetaldehyd und Diacetyl (optimal 1:1) zu dem typischen Joghurt Flavour bei. Das sahnig, etwas süßlich, butterähnliche Flavour von Acetoin ist dem von Diacetyl sehr ähnlich. Diacetyl kombiniert mit Acetoin verleihen dem Erzeugnis einen milden, angenehmen Flavour (CHENG 2010). Neben den genannten und näher beschriebenen Verbindungen kommen in Joghurt noch viele andere Komponenten vor. Der geschmackliche Gesamteindruck des Joghurts setzt sich aus all diesen Verbindungen zusammen, die in einem ausbalancierten Verhältnis zueinanderstehen sollten, um ein optimales Flavour zu erhalten (HILL und KETHIREDDIPALLI 2013). Auch die Wichtigkeit der Molkenlässigkeit darf nicht vergessen werden, die beispielsweise stärker ausgeprägt ist je näher das Joghurt dem Mindeshaltbarkeitsdatum kommt.

Tab 3. Attribute inklusive Definitionen zur sensorischen Evaluierung von Naturjoghurt aus Kuhmilch

Attribut	**Definition**
AUSSEHEN	
Farbe	Visuelle Beurteilung des Farbtons der Probe
Glanz	Ausmaß der Lichtreflexion an der Produktoberfläche
Molkenlässigkeit (Synärese)	Auftreten von Flüssigkeit (Molke) an der Oberfläche
Viskosität	Dicke und Fließfähigkeit des Joghurts
Festigkeit (mit dem Löffel)	Beurteilung der Formstabilität, nachdem mit dem Löffel in das Joghurt eingetaucht wurde. Beurteilung, wie schnell sich die Oberfläche wieder schließt.
Homogenität der Oberfläche (mit dem Löffel)	Beurteilung der Oberflächen Gleichmäßigkeit, die frei von Klumpen/Partikel ist
GERUCH/FLAVOUR	
Frische Milch	Geruch/Flavour assoziiert mit frischer Milch
Gekochte Milch	Geruch/Flavour assoziiert mit gekochter Milch
Fermentierte Milch	Geruch/Flavour assoziiert mit fermentierten Milchprodukten (z.B. Buttermilch)
Sahnig	Geruch/Flavour assoziiert mit frischer Sahne (AT: Schlagobers)
Milchfett	Geruch/Flavour assoziiert mit Milchfett

Attribut	Definition
Süßlich	Geruch/Flavour assoziiert mit zuckerhaltigen Lebensmitteln
Milchpulver	Geruch/Flavour assoziiert mit rekonstruiertem Milchpulver
Hefe	Geruch/Flavour assoziiert mit fermentierter Hefe
Plastik	Geruch/Flavour assoziiert mit Plastikverpackung
Oxidiert	Geruch/Flavour assoziiert mit oxidierten Fetten
GESCHMACK	
Bitter	Grundgeschmack assoziiert mit Koffeinlösungen
Salzig	Grundgeschmack assoziiert mit NaCl-Lösungen
Sauer	Grundgeschmack assoziiert mit Zitronensäurelösungen
Süß	Grundgeschmack assoziiert mit Saccharoselösungen
TEXTUR/MUNDGEFÜHL	
Viskosität	Fließfähigkeit des Produktes im Mund
Festigkeit	Beurteilung der Kraft, die beim Einsaugen des Joghurts vom Löffel zwischen die Lippen nötig ist
Glattheit	Beurteilung des Vorhandenseins von Partikeln im Mund; das Produkt ohne Partikel ist glatt
Homogenität	Beurteilung der Gleichmäßigkeit der Klumpen/Partikel im Mund
Mundbelag	Ausmaß des Belages bzw. Films auf Zunge, Lippen und Gaumen (im Mund)
Adstringierend	Eindruck einer zusammenziehenden oder kribbelnden Empfindung auf den Oberflächen und/oder Seiten von Zunge und Mund, assoziiert mit Tanninen (z.B. Eindruck nach dem Trinken von schwarzem Tee)

Attribut	Definition
NACHGESCHMACK	
Allgemeiner Nachgeschmack	Intensität des allgemeinen Nachgeschmacks (30 Sekunden nach dem Schlucken)

eigene Darstellung; Literaturquellen: COGGINGS et al. 2007, FOLKENBERG und MARTENS 2003, MAJCHRZAK 2016, MAJCHRZAK et al. 2010, SALVADOR und FISZMANN 2004

3.2.2 Buttermilch

Buttermilch ist ein Sauermilchprodukt und fällt bei der Erzeugung der Butter an. Sie enthält Laktose, Milchsäure, Mineralstoffe (Kalzium, Kalium und Phosphat) und Vitamine (Vitamin B2, Vitamin B12 und Panthothensäure). Den Großteil machen aber die Milchproteine aus. Da der Fettanteil unter 1 % liegt und der Cholesteringehalt niedrig ist, wird sie oft wie ein diätetisches Lebensmittel betrachtet (EBERMANN und ELMADFA 2011). Die sensorischen Eigenschaften der Buttermilch sind sehr stark von den Starterkulturen, die bei der Produktion für die Fermentation der Milch eingesetzt werden, beeinflusst. Als die wichtigsten gelten, der saure Geschmack, verursacht durch die Milchsäure und der buttrige Geruch und Flavour, in erster Linie assoziiert mit Diacetyl (MUIR et al. 1999). Vergleiche zwischen flüssiger Buttermilch und rekonstruiertem Buttermilch Pulver zeigten, dass die pulvrige Form mehr „kartonartig" und mehr adstringierend ist, zwei Attribute die mit Fettoxidation assoziiert sind. Buttermilch ist reich an Phospholipiden, die ungesättigte Fettsäuren enthalten, die wiederum zur Oxidation neigen und für einen defekten oxidierten Off-Flavour, verantwortlich sind. Andererseits findet die an Phospholipiden reiche Buttermilch häufigen Einsatz als funktioneller Bestandteil in vielen Lebensmitteln, wie Salatdressings, Pastasaucen, Schokolade, Käse, Eiscreme und Joghurt, wobei ihre Hauptaufgabe in der Emulgierung dieser Produkte liegt. Ebenso wird sie gerne einfach so zur Erfrischung oder im Sportlerbereich zur Hydrierung getrunken (JINJARAK et al. 2006).

Tab 4. Attribute inklusive Definitionen zur sensorischen Evaluierung von Buttermilch

Attribut	Definition
AUSSEHEN	
Farbe	Intensität der leicht gelben Farbe der Buttermilch
Optische Viskosität	Beurteilung der Fließfähigkeit der Buttermilch
GERUCH/FLAVOUR	
Frische Milch	Geruch/Flavour assoziiert mit frischer Milch

Attribut	Definition
Gekochte Milch	Geruch/Flavour assoziiert mit gekochter Milch
Milchpulver	Geruch/Flavour assoziiert mit Milchpulver
Butterig	Geruch/Flavour assoziiert mit frischer Butter
Fermentiert	Geruch/Flavour assoziiert mit fermentierten Milchprodukten (z.B. Buttermilch)
Kartonartig	Geruch/Flavour assoziiert mit Kartonverpackungen
GESCHMACK	
Sauer	Grundgeschmack assoziiert mit Zitronensäurelösungen
Süß	Grundgeschmack assoziiert mit Saccharoselösungen
Bitter	Grundgeschmack assoziiert mit Koffeinlösungen
TEXTUR/MUNDGEFÜHL	
Viskosität	Fließfähigkeit der Buttermilch im Mund
Glattheit	Beurteilung des Vorhandenseins von Partikeln im Mund; das Produkt ohne Partikel ist glatt
Mundbelag	Ausmaß des Belages bzw. Films auf Zunge, Lippen und Gaumen (im Mund)
Kreidig/Kalkig	Ausmaß eines trockenen, pudrigen Gefühls im Mund nach dem Schlucken
Adstringierend	Eindruck einer zusammenziehenden oder kribbelnden Empfindung auf den Oberflächen und/oder Seiten von Zunge und Mund, assoziiert mit Tanninen (z.B. Eindruck nach dem Trinken von schwarzem Tee)
Nachgeschmack	
Allgemeiner Nachgeschmack	Intensität des allgemeinen Nachgeschmacks (30 Sekunden nach dem Schlucken)

eigene Darstellung; Literaturquellen: JINJARAK et al. 2006, MAJCHRZAK 2017, MUIR et al. 1999

3.2.3 Käse (Allgemein)

Käse wird durch Gerinnen aus dem Eiweißanteil der Milch, dem Casein, erzeugt. Der dadurch entstehende Frischkäse (Topfen, Quark) kann als solcher verzehrt oder weiteren Reifungs- und Fermentationsprozessen unterzogen werden. Es ist das älteste Verfahren zur Haltbarmachung von Milch und deren Erzeugnissen. Käse besteht, je nach Art, hauptsächlich aus Casein, Fett und Wasser. Während der Fermentation kommt es zum teilweisen Abbau von Casein und Fett und unter anderem zur Bildung von typischen Aromastoffen. Durch den Trocknungsprozess der mit Fermentation und Lagerung einhergeht, sinkt der Wassergehalt (EBERMANN und ELMADFA 2011). Die Einteilung der Käsegruppen erfolgt nach dem Wassergehalt in der fettfreien Käsemasse (Wff-Gehalt) und dem Fettgehalt in der Trockenmasse (F.i.T) (ÖSTERREICHISCHES LEBENSMITTELBUCH 2017).

Einteilung der Käse nach dem Wassergehalt in der fettfreien Trockensubstanz (Wff)

Käse	Wff %
Hartkäse	< 56
Halbharter Schnittkäse	52 - 60
Schnittkäse (im eigentl. Sinn)	61 - 63
Halbweicher Schnittkäse	61 – 69
Weichkäse	> 67
Sauermilchkäse	≤ 73
Frischkäse	> 73

ÖSTERREICHISCHES LEBENSMITTELBUCH 2017

Einteilung der Käse nach dem Fettgehalt in der Trockenmasse (F.i.T.)

Bezeichnung der Fettstufe	F.i.T. %
Doppelrahm	65
Rahm	55
Vollfett	45
Dreiviertelfett	35
Halbfett	25
Viertelfett	15
Mager	< 15 (bei Frischkäse bis 5%)

ÖSTERREICHISCHES LEBENSMITTELBUCH 2017

Die sensorische Charakterisierung von Käse zum Zeitpunkt des Verzehrs reflektiert als erstes welche Milchart bei der Produktion verwendet wurde. Käse aus Ziegenmilch ist eindeutig unterscheidbar von Käse aus Kuhmilch. Weiteres werden die sensorischen Eigenschaften von dem Herstellungsprozess sowie von den physikalischen und chemischen Veränderungen während der Reifung beeinflusst. Für die Bildung vieler Aromastoffe ist z.B die Proteolyse, in der die Proteine in Aminosäuren aufgespalten werden, verantwortlich (DELAHUNTY und DRAKE 2004). Das Flavourprofil von Käse ist ein sehr komplexes Phänomen und hängt stark von im Reifungsprozess mitwirkenden Bakterien sowie ihren katabolen Fähigkeiten ab, die Einfluss auf unterschiedliche geschmacksgebende Inhaltsstoffen der verschiedenen Käsenarten haben. Auch wenn jede Käsesorte ihre spezifischen Noten hat, gibt es eine große Bandbreite an Komponenten, die in jedem Käse in variierenden Mengen zum Käseflavour beitragen (FOIßY 2005). Fett, Proteine, Peptide, Aminosäuren, flüchtige Schwefelverbindungen, Alkohole, Ketone und flüchtige Fettsäuren sind nur einige der Substanzen, die bei der Entstehung des Käseflavours beteiligt sind (URBACH 1993). Die Rolle bestimmter Peptide wurde z.B. beim Entstehen vom unerwünschten Bittergeschmack in Käse bestätigt (BROADBENT et al. 1998, EDWARDS und KOSIKOWSKI 1983, KAI 1996). Neben genannten Inhaltsstoffen bilden auch Ester, die entstehen, wenn freie Fettsäuren aus der Laktosefermentation mit Alkoholen in Reaktion treten, wichtige Verbindungen mit ausgeprägten Flavour-Eigenschaften. Dazu zählen Ethansäure-Ethylester, Oktansäure-Ethylester, Decansäure-Ethylester und Hexansäure-Methylester (MEINHART und SCHREIER 1986). Während der Käsereifung bilden sich flüchtige Schwefelverbindungen, die in niedrigen Konzentrationen erwünscht sind, treten sie jedoch in höheren Konzentrationen auf, können sich Fehlaromen wie „faulig", „verdorbene Eier", „Kohl" und „Knoblauch" bilden (WEIMER et al. 1999).

Flavourkomponenten, die während der Reifung entstehen

Käsetyp	**Assoziierte Flavourkomponente**	**Indikatorkomponenten**
Cheddar	Milchsäure, Essigsäure, Aminosäuren, Schwefelkomponenten, Ammoniak	Methanethiol
Schweizer Käse	Milchsäure, Propansäure, Essigsäure, Aminosäuren (Prolin), Schwefelkomponenten, Alkyl-Pyrazine	3-Methyl-Butansäure
Italienischer Käse	Flüchtige Fettsäuren, Aminosäuren, Alkohol, Ketone	n-Butansäure
Gouda	Aminosäuren, Fettsäuren	
Tilsiter	Methanethiol, Methyl-Thioacetat, Thiopropionat, Hydrogen-Sulfid	

eigene Darstellung; Literaturquellen: EL SODA 1993, GANESAN et al. 2007, URBACH 1993

Die Proteolyse des Milcheiweißes Casein hat den stärksten Einfluss auf die Textur von Käse, welche für die Akzeptanz bei Konsumenten ausschlaggebend ist (FOIßY 2005). Sie reicht von speckig-elastisch bis zu bissfest, kompakt oder bröckelig und bröselig.

Einzelne Käse können leicht klebrig am Gaumen erscheinen. Die meisten Hartkäsearten zeichnet eine gewisse Schärfe aus, die sich durch ein leichtes Brennen auf den Zungenoberflächen spürbar macht. Zur sensorischen Beschreibung von Käse gibt es einige wissenschaftliche Studien, die sich einerseits mit der Erstellung eines allgemein gültigen Flavourlexikons, andererseits mit regionaltypischen Käsesorten sowie speziellen Herstellungsmethoden befassen (MUIR et al. 1995, HOUGH et al. 1996, BARCENAS et al. 2001, ADHIKARI et al 2003, RITVANEN et al 2005, TALAVERA-BIANCHI und CHAMBERS 2008). Bei den Untersuchungen zeigten sich vielerlei Zusammenhänge zwischen bestimmten Inhaltsstoffen und der sensorischen Charakterisierung. Um hier ein Beispiel zu nennen, es wurde eine signifikante Korrelation von drei Attributen mit dem Fettgehalt festgestellt: Butter- und Karamellflavour sowie Cremigkeit waren im halbfetten (25% F.i.T) Käse in geringerem Ausmaß ausgeprägt als im fettreduzierten (<15% F.i.T.), was sich vermutlich auf einen Anstieg im Fettgehalt und einer Senkung des Wassergehalts im Käse zurückführen lässt. Eigenschaften wie „fruchtig“, „süß“ und „balanciert“ stehen ebenfalls positiv mit dem Fettgehalt in Wechselwirkung, während „abgestanden“ sowie Pilz- und Schweißflavour negativ mit dem Fettgehalt in Verbindung gebracht wurden (FENELON et al. 2000).

Tab 5. Attribute inklusive Definitionen zur sensorischen Evaluierung von verschiedenen Hart-Käsesorten

Attribut	Definition
AUSSEHEN	
Farbe	Intensität der gelben Farbe
Festigkeit	Festigkeit beim Drücken/Kompaktheit der Probe; Notwendige Kraft, um die Proben zwischen den Fingern zusammenzupressen
Elastizität	Grad in dem die Originalform von Käse nach dem Zusammendrücken zwischen den Fingern wiedergestellt wird
Glanz	Ausmaß der Lichtreflexion an der Produktoberfläche
GERUCH/FLAVOUR	
Butterig	Geruch/Flavour assoziiert mit frischer Butter
Frische Milch	Geruch/Flavour assoziiert mit frischen Milchprodukten
Gekochte Milch	Geruch/Flavour assoziiert mit gekochter Milch
Milchfett	Geruch/Flavour assoziiert mit Milchfett

Attribut	Definition
Fermentiert	Geruch/Flavour assoziiert mit leicht fermentierten Käsenoten
Gealtert	Geruch/Flavour assoziiert mit altem Käse
Blumig	Geruch/Flavour assoziiert mit frischen Blumen
Grün-Krautig	Geruch/Flavour assoziiert mit grünem Gemüse, Kraut, Kohl
Zwiebel	Geruch/Flavour assoziiert mit Zwiebel
Fruchtig	Geruch/Flavour assoziiert mit verschiedenen Früchten
Honig	Geruch/Flavour assoziiert mit Honig
Karamell	Geruch/Flavour assoziiert mit karamellisiertem Zucker
Nussig	Geruch/Flavour assoziiert mit verschiedenen Nüssen
Getreideartig	Geruch/Flavour assoziiert mit gemahlenen und gerösteten Getreidekörnern
Rauchig	Geruch/Flavour assoziiert mit verkohltem Holz
Fleischig	Geruch/Flavour assoziiert mit gekochtem Fleisch
Frischer Fisch	Geruch/Flavour assoziiert mit frischem Fisch
Pfeffer	Geruch/Flavour assoziiert mit Pfeffer
Oxidiert	Geruch/Flavour assoziiert mit oxidierten Fetten
Schwefelartig	Geruch/Flavour assoziiert mit Produkten, die schwefelhaltige Verbindungen enthalten, z.B. mit gekochtem Ei
Hefe	Geruch/Flavour assoziiert mit fermentierter Hefe
Pilz	Geruch/Flavour assoziiert mit rohen Pilzen
Muffig	Geruch/Flavour assoziiert mit alten Büchern, Dachböden
Moderig	Geruch/Flavour assoziiert mit feuchter Erde

Attribut	Definition
Chemisch	Geruch/Flavour assoziiert mit Chemikalien wie Chlor, Ammoniak etc.
Alkohol	Geruch/Flavour assoziiert mit destillierten Spirituosen
Seifig	Geruch/Flavour assoziiert mit Seife, Waschlotion
Wachsartig	Geruch/Flavour assoziiert mit Wachskerzen
Schimmelig	Geruch/Flavour assoziiert mit Schimmelbewuchs
Animalisch	Geruch/Flavour assoziiert mit Kuhstall, Bauernhof
Tierfell	Geruch/Flavour assoziiert mit nassem Tierfell
Schweißig	Geruch/Flavour assoziiert mit Schweiß Ausdünstungen
GESCHMACK	
Bitter	Grundgeschmack assoziiert mit Koffeinlösungen
Salzig	Grundgeschmack assoziiert mit NaCl-Lösungen
Sauer	Grundgeschmack assoziiert mit Zitronensäurelösungen
Süß	Grundgeschmack assoziiert mit Saccharoselösungen
Umami	Grundgeschmack assoziiert mit Mononatriumglutamat-Lösungen
TEXTUR/MUNDGEFÜHL	
Festigkeit	Notwendige Kraft um das Produkt zwischen Zunge und Gaumen zusammenzudrücken
Glattheit	Beurteilung des Vorhandenseins von Partikeln im Mund; das Produkt ohne Partikel ist glatt
Homogenität	Beurteilung der Gleichmäßigkeit der Klumpen/Partikel im Mund
Körnigkeit	Wahrnehmung von Größe und Form der Partikel vom zerkleinerten Produkt während des Kauens

Attribut	Definition
Elastizität	Kraft, mit der die Probe nach Zusammendrücken zwischen Zunge und Gaumen wieder in den Ausgangszustand (Größe/Form) zurückkehrt
Klebrigkeit	Ausmaß, in dem die Probe an einer der Mundoberflächen, wie Zähne, Zahnfleisch oder Gaumen, klebt und als breiig wahrgenommen wird
Pastös/Teigig	Produkt bleibt nach dem Kauen in einer zähen, teigigen Masse
Beißend/Brennend	Beißender, brennender Eindruck auf der Zunge und Mundoberflächen assoziiert mit altem, gereiften Käse, verbleibend auch nach Entfernen des Reizes; ausgelöst durch Nervus Trigeminus
Prickelnd	Prickelnder Eindruck auf der Zunge (z.B. nach dem Trinken von Sodawasser)
Schleimig	Schleimiger, glitschiger Eindruck im Mund
Mundbelag	Ausmaß des Belages bzw. Films auf Zunge, Lippen und Gaumen (im Mund)
Fettig	Fettiger Eindruck im Mund, wenn das Produkt zwischen Zunge und Gaumen verteilt wird
Adstringierend	Eindruck einer zusammenziehenden oder kribbelnden Empfindung auf den Oberflächen und/oder Seiten von Zunge und Mund, assoziiert mit Tanninen (z.B. Eindruck nach dem Trinken von schwarzem Tee)
NACHGESCHMACK	
Allgemeiner Nachgeschmack	Intensität des allgemeinen Nachgeschmacks (30 Sekunden nach dem Schlucken)

Verwendete Käsesorten: Ambassedeur, Appenzeller, Asiago, Beaufort, Bel Paese, Bleu d'Auvergne, Bond-ost, Brick, Brie, Butterkäse, Camembert, Cheddar, Chevre, Colby, Comte Vieux, Danish Cream, Edamer, Emmentaler, Feta, Fontina, Fourme de Salers, Gabriel, Gouda, Gruyère, Jarlsberg, Kreme Kase, Limburger, Mahón, Manchego, Monterey Jack, Mozzarella, Münster, Old Amsterdam, Parmesan, Pont l'Eveque, Port du Salut, Provolone, Pyreness Brebis, Raclette, Reblochon, Romano,

Roquefort, Saint Nectaire, Sap Sago, Schweizerkäse (fettreduziert, Vollfett, geräuchert), Téte de Moine, Tetilla, Tomme de Savoie, Velencay, Vrie de Meaux, Wensleydale

eigene Darstellung; Literaturquellen: ADHIKARI et al. 2003, ANTONIOU et al. 2000, DELAHUNTY und DRAKE 2004, DRAKE 2007, DRAKE et al. 2001/2002, GWARTNEY et al. 2002, HEISSERER und CHAMBERS 1993, HORT und LE GRYS 2001, LAWLOR et al. 2001/2002, LAWLOR und DELAHUNTY 2000, MURRAY und DELAHUNTY 2000a/2000b/2000c, PAGLIARINI et al. 1997, PAPETTI und CARELLI 2013, RÉTIVEAU et al. 2005, RITVANEN et al. 2005, SINGH et al. 2003, TALAVERA-BIANCHI und CHAMBERS 2008, TRUONG et al. 2002, ZHANG et al. 2011

3.2.4 Blauschimmelkäse

Blauschimmelkäse ist Schimmelkäse der durch das Wachstum von *Penicillium roqueforti* charakterisiert ist (DIEZHANDINO et al. 2016). Beispiele für Blauschimmelkäse sind Bavaria Blu, Cabrales, Danablu, Gorgonzola, Stilton und Roquefort, der berühmteste Schafsrohmilchkäse. Während der Reifung, unterläuft der Blauschimmelkäse Proteolyse und Lipolyse, Schritte, die in der Entwicklung des einzigartigen Geruchs, Flavours, Aussehens und der Textur resultieren. Die bei der Proteolyse freigesetzten Enzyme spielen eine ausschlaggebende Rolle für Veränderungen in der Textur, die durch die Hydrolyse des Caseins im Käsebruch stattfinden, sowie der Entwicklung des Flavours und der Bitterkeit durch die Bildung von Peptiden und Aminosäuren. Lipolyse hingegen bewirkt maßgeblich die Freisetzung von Fettsäuren aus, die als Prekursoren der katabolischen Reaktion zur Bildung der anderen Flavour – Komponenten, vor al lem N-Methyl Ketone, beitragen. Ebenso ausschlaggebend für die Ausprägung der sensorischen Eigenschaften zeigt sich die Lagerdauer. Innerhalb der ersten zwei Wochen der Lagerung erhöhen sich Körnigkeit, Festigkeit, Formstabilität sowie die Kaubarkeit, der Käse wird gummiartig, während die Helligkeit der Farbe reduziert wird. Die Lagerung von etwa 30 Tagen führt zur Ausprägung einer grün-bläulichen Farbe. Erst bei einer Lagerungsdauer von etwa 90 Tagen scheint sich der optimale Reifegrad zum Konsum von Blauschimmelkäse zu finden (DIEZHANDINO et al. 2016).

Tab 6. Attribute inklusive Definitionen zur sensorischen Evaluierung von Blauschimmelkäse

Attribut	**Definition**
AUSSEHEN	
Farbe	Intensität der Farbe variierend von weiß bis orange
Blau-Grüne Stellen	Ausmaß an Schimmel/sichtbarem Schimmelwachstum in der Käsestruktur
GERUCH/FLAVOUR	
Frische Milch	Geruch/Flavour assoziiert mit frischer Milch
Erhitze Milch	Geruch/ Flavour assoziiert mit erhitzter Milch

Attribut	Definition
Fruchtig	Geruch/Flavour assoziiert mit verschiedenen Früchten
Nussig	Geruch/Flavour assoziiert mit verschiedenen Nüssen
Blumig	Geruch/Flavour assoziiert mit verschiedenen Blumen
Würzig-Krautig	Geruch/Flavour assoziiert mit krautigen Pflanzenteilen, die als Lebensmittel-Zutat verwendet werden
Pilzig	Geruch/Flavour assoziiert mit Pilzen
Butterig	Geruch/ Flavour assoziiert mit frischer Butter
Schimmelig	Geruch/Flavour assoziiert mit Schimmelbewuchs
Schweißig	Geruch/Flavour assoziiert mit Schweiß Ausdünstungen
GESCHMACK	
Bitter	Grundgeschmack assoziiert mit Koffeinlösungen
Salzig	Grundgeschmack assoziiert mit NaCl-Lösungen
Sauer	Grundgeschmack assoziiert mit Zitronensäurelösungen
Süß	Grundgeschmack assoziiert mit Saccharoselösungen
Umami	Grundgeschmack assoziiert mit Mononatriumglutamat-Lösungen
TEXTUR/MUNDGEFÜHL	
Festigkeit	Notwendige Kraft um das Produkt zwischen Zunge und Gaumen zusammenzudrücken
Körnigkeit	Wahrnehmung von Größe und Form der Teilchen vom zerkleinerten Produkt
Fettig	Fettiger Eindruck im Mund, wenn das Produkt zwischen Zunge und Gaumen verteilt wird
Adhäsiv	Benötigte Kraft, um mit der Zunge die Probe wieder vom Gaumen zu lösen
Klebrigkeit	Ausmaß, in dem die Probe an einer der Mondoberflächen, wie Zähne, Zahnfleisch oder Gaumen, klebt und als breiig wahrgenommen wird
Pastös/Teigig	Produkt bleibt nach dem Kauen in einer zähen, teigigen Masse
Beißend/Brennend	Beißender, brennender Eindruck auf der Zunge und Mundoberflächen verbleibend auch nach Entfernen des Reizes; ausgelöst durch Nervus Trigeminus

Attribut	Definition
Prickelnd	Prickelnder Eindruck auf der Zunge (z.B. nach dem Trinken von Sodawasser)
Adstringierend	Eindruck einer zusammenziehenden oder kribbelnden Empfindung auf den Oberflächen und/oder Seiten von Zunge und Mund, assoziiert mit Tanninen (z.B. Eindruck nach dem Trinken von schwarzem Tee)
NACHGESCHMACK	
Allgemeiner Nachgeschmack	Intensität des allgemeinen Nachgeschmacks (30 Sekunden nach dem Schlucken)

eigene Darstellung; Literaturquellen: ANTONIOU et al. 2000, DIEZHANDINO et al. 2016, HEISSERER und CHAMBERS 1993, LAWLOR et al. 2003, LAWLOR und DELAHUNTY 2000, RÉTIVEAU et al. 2005, TALAVERA-BIANCHI und CHAMBERS 2008

3.2.5 Mozzarella

Mozzarella, ein ungereifter Käse mit hohem Wassergehalt, mit einer gallertartigen, faserigen, weich bis elastischen Textur, der mit Hilfe von Kulturen (Milchsäurebakterien) und/oder organischen Säuren (Zitronensäure, Milchsäure) hergestellt wird, zählt zur Gruppe der Frischkäse (ÖSTERREICHISCHES LEBENSMITTELBUCH 2017). Während der nach italienischer Tradition gefertigte Mozzarella di bufala Campana aus Büffelmilch erzeugt wird, kommt die aus Kuhmilch hergestellte Variante unter der Bezeichnung Fior di Latte in den Handel. Eine weitere Spezialität aus Mozzarella sind die geräucherten Versionen Bufala Provola und Mozzarella affumicata. Die sensorischen Eigenschaften des Mozzarellas sind vor allem von der Milchart (Kuhmilch, Büffelmilch) und dem Fettgehalt beeinflusst (SAMEEN et al. 2010). Der Fettgehalt prägt sich zum einen auf die Saftigkeit, Festigkeit und Elastizität des Produktes, die sich bei fettreduziertem Käse als fester und zäher zeigen und zum anderen auf den Feuchtigkeitsgehalt aus. Dieser wiederum hat einen wichtigen Effekt auf die Zusammensetzung der organischen Säuren im Produkt. In fettreduzierten Proben spiegelt sich dies in einer höheren Konzentration an Milch- und Zitronensäure wider, was letztlich zu einem stärker ausgeprägten sauren Geschmack führt (SAMEEN et al. 2010). Das Flavourprofil von Mozzarella im Allgemeinem besteht u.a. aus buttrigen, süßlichen, salzigen und sauren Noten, die vorwiegend von Diacetyl, Decalacton, Natriumchlorid und Milchsäure verursacht werden (BELITZ et al. 2008). Laut Pagliarini et al. (1997) lässt sich Mozzarella aus Vollkuhmilch am besten durch folgende Deskriptoren charakterisieren: süß, milchig, sahnig, faserig und elastisch, während Mozzarella aus Büffelvollmilch kohäsiv, sauer, salzig, flockig und Joghurt -ähnlich im Flavour ist. Mozzarella aus fettarmer Kuhmilch zeigt sich als glatt aber weniger cremig und saftig (PAGLIARINI et al. 1997).

Tab 7. Attribute inklusive Definitionen zur sensorischen Evaluierung von Mozzarella

Attribut	Definition
AUSSEHEN	
Farbe	Intensität der weißen Farbe
Faserigkeit	Typisch faserige, fibrilläre Textur von Milchkasein nach einer Heißwasser-Streckung
Glattheit	Produktoberfläche frei von Löchern und Körnchen
Lichtdurchlässigkeit	Grad des durchscheinenden Lichtes, abhängig von der Feuchtigkeit an der Oberfläche
GERUCH/FLAVOUR	
Frische Milch	Geruch/Flavour assoziiert mit frischen Milchprodukten
Gekochte Milch	Geruch/Flavour assoziiert mit gekochter Milch
Sahnig	Geruch/Flavour assoziiert mit frischer Sahne
Buttrig	Geruch/Flavour assoziiert mit Butter
Fermentiert	Geruch/Flavour assoziiert mit fermentierten Milchprodukten (z.B. Naturjoghurt)
GESCHMACK	
Bitter	Grundgeschmack assoziiert mit Koffeinlösungen
Salzig	Grundgeschmack assoziiert mit NaCl-Lösungen
Sauer	Grundgeschmack assoziiert mit Zitronensäurelösungen
Süß	Grundgeschmack assoziiert mit Saccharoselösungen
TEXTUR/MUNDGEFÜHL	
Festigkeit	Notwendige Kraft um die Probe zwischen den Mahlzähnen bzw. zwischen Zunge und Gaumen zusammen zu drücken
Elastizität	Grad in dem die Originalform eines Produktes nach dem Zusammendrücken zwischen den Zähnen wiederhergestellt wird
Kohesivität	Ausmaß indem ein Produkt verformt werden kann bevor es zerbricht
Gummiartigkeit	Ausmaß in wieweit sich die Probe beim Kauen im Mund verformt
Saftigkeit	Flüssigkeitsmenge die beim Kauen abgegeben wird

Attribut	Definition
Glitschigkeit	Glitschigkeit/ Schleimigkeit wahrgenommen auf den Lippen und im Mund (das Gegenteil von klebend/anhaftend)
Faserigkeit	Menge an Fasern, evaluiert während des Kauens nach fünf bis acht Kaubewegungen
Adstringierend	Eindruck einer zusammenziehenden oder kribbelnden Empfindung auf den Oberflächen und/oder Seiten von Zunge und Mund, assoziiert mit Tanninen (z.B. Eindruck nach dem Trinken von schwarzem Tee)
NACHGESCHMACK	
Allgemeiner Nachgeschmack	Intensität des allgemeinen Nachgeschmacks (30 Sekunden nach dem Schlucken)

eigene Darstellung; Literaturquellen: PAGLIARINI et al. 1997, SAMEEN et al. 2010, TALAVERA-BIANCHI und CHAMBERS 2008

3.3 Eier und Eiprodukte

Eier zählen zu den biologisch besonders wertvollen Lebensmitteln, die durch ihre vielen enthaltenen Nährstoffe eine wichtige Rolle in der grundlegenden Nahrung spielen. Der ernährungsphysiologische Wert beruht auf der idealen Kombination aus Proteinen, Fett, Mineralstoffen und Vitaminen (VOLLMER et al. 1990). Aus Sicht der Funktionalität sind Eier von besonderem Interesse, da sie sich durch eine moderate Kalorienmenge, hervorragende Proteinqualität, große kulinarische Vielseitigkeit und geringe wirtschaftliche Kosten auszeichnen. Zu Qualitätsmerkmalen, die zur Beurteilung von Ei herangezogen werden müssen, zählen Nährwert, Frischegrad und im Besonderen die sensorischen Charakteristika. Bei den äußeren Eigenschaften spielen die Eiform, Schalenfarbe und Größe (Eigengewicht) eine entscheidende Rolle. Beim aufgeschlagenen Ei sollte der Dotter im Profil ein rundes Bild geben. Abgeflachte Dotter sind ein Zeichen für Qualitätsverlust. Die Dotterkonsistenz eines hartgekochten Eis ist hauptsächlich von der Fütterung abhängig. Die Eiklarqualität hat auch einen großen Einfluss auf die inneren Qualitätsmerkmale des Hühnereis. Wenn ein frisches Ei aufgeschlagen und auf eine glatte Oberfläche überführt wird, sollte sich um den Eidotter eine zähe, kompakte Eiklarschicht wölben. Wenn jedoch das Eiklar dünnflüssig und breit auseinanderfließt, ist das oft ein Zeichen für Qualitätsverlust. Beim gekochten Ei kann sich das durch eine dezentrale Dotterlage äußern (JACOB et al. 2000). Die Dotterfarbe variiert von hellgelb bis dunkelgelb/orangerot, ist rein alimentär bedingt und auf die Carotinoide Lutein und Zeaxanthin zurückzuführen, die im Dotter gespeichert werden (JACOB et al. 2000, FRANZKE 1996). Grüne Fehlfärbungen beim hartgekochten Ei können auftreten, wenn das Ei zu lange gekocht wird oder das Wasser einen hohen Gehalt an Eisen aufweist. Unabhängig vom Kochvorgang können Fehlfärbungen auch aufgrund von bestimmten Futtermittelkomponenten wie z.B. Purpurweizen,

Baumwollsamen, Hirse auftreten. Durch eine bestimmte Auswahl von Futtermittelkomponenten kann, wie bereits erwähnt, die Dotterfarbe verändert werden. Genauso kann die Fütterung zu Fehlfärbungen führen, welche sich beispielsweise in Form von pink- und grünstichigen Verfärbungen, sowie marmorierten Dottern („egg mottling") zeigen. „Egg mottling" ist abhängig von der Fütterung (wird verstärkt durch Nicarbazin, Baumwollsamen, Hirse), der Lagerung der Eier und vom Legehennenalter (JACOB et al. 2000). Die Geruchs- und Flavour Eigenschaften süßlich und milchig werden positiv mit dem Frischegrad des Eis assoziiert und sind typische Merkmale eines qualitativ hochwertigen Hühnereis (VAN ELSWYK et al. 1995). Abgesehen davon, dass Eier leicht Fremdgerüche annehmen können, spielen durch arteigene Enzyme ausgelöste Abbauprozesse eine bedeutende Rolle in der Geruchsentwicklung. Infolge von porösen Schalen können auch Mikroorganismen von außen in das intakte Ei eindringen und zum Verderb führen, was den Geruch negativ beeinflusst (FRANZKE 1996). Weitere Ursachen für Off-Geruch bzw. Off-Flavour können bakterielle Eileitererkrankungen oder Virusinfektionen sein. Stoffwechselstörungen im Eierstock oder im Eileiter der Henne können z.B. zu einem fischigen Flavour führen (DAMME und HILDEBRAND 2002). Die Anwesenheit von anutritiven Substanzen wie z.B. Alkaloide, Glucosinolate, Glykoside, Gossypole, Tannine und Hämaglutinine werden als unzuträglich eingestuft. Sie befinden sich u.a. in Baumwollsaatmehl, Raps, Bohnen, Hirse, Roggen. Die Produktion von Trimethylamin aus Cholin hat auch negative Auswirkungen auf Geschmack/Flavour und Geruch des Eis (KALLWEIT et al. 1988, DAMME und HILDEBRAND 2002). Die Rasse der Legehennen spielt zudem eine bedeutende Rolle (WILLIAMS und DAMRON 1999).

Tab 8. Attribute inklusive Definitionen zur sensorischen Evaluierung von Ei (rohes Ei)

Attribut	**Definition**
AUSSEHEN	
Klarheit Eiklars	Beurteilung der Klarheit des Eiklars
Dotterfarbe eitypisch	Beurteilung der typischen Dotterfarbe, mit Hilfe des ROCHE Dotterfarbfächers.
Blutflecken	Beurteilung der Anwesenheit von Blutflecken
Marmorierter Dotter („egg mottling")	Beurteilung von blassen Punkten oder Flecken auf der Dotterhaut (*ist abhängig von der Intaktheit und Stärke der Vitelline-Membrans. Ist dieser beschädigt so vermischen sich Dotter und Albumin und in diesen Bereichen kommt es zu einer Veränderung der Farbe*)
GERUCH	
Eigeruch typisch (eifrisch)	Intensität des typischen (eifrischen) Geruchs nach rohen Eiern
Süßlich	Intensität des süßlichen Geruchs assoziiert mit Karamell
Milchig	Intensität des Geruchs assoziiert mit Milchprodukten

Attribut	Definition
Schwefelig	Intensität des Geruchs assoziiert mit Schwefel-Verbindungen und Verderb
Ranzig	Intensität des Geruchs assoziiert mit oxidierten Fetten
TEXTUR	
Kompaktheit des Eiklars	Beurteilung der Kompaktheit des Eiklars
Kompaktheit des Eidotters	Beurteilung der Kompaktheit des Eidotters

Tab 9. Attribute inklusive Definitionen zur sensorischen Evaluierung von Ei (gekochtes Ei)

Attribut	Definition
Gesamtes Ei	
AUSSEHEN	
Dotterlage	Beurteilung der zentralen Lage des Dotters
Dotterfarbe eitypisch	Beurteilung der typischen Dotterfarbe, mit Hilfe des ROCHE Dotterfarbfächers
Eiklarfarbe	Beurteilung der typischen Eiklarfarbe
GERUCH/FLAVOUR	
Eigeruch/Eiflavour typisch	Geruch/Flavour assoziiert mit typischen Geruch/Flavour nach gekochten Eiern
Milchig	Geruch/Flavour assoziiert mit gekochter Milch
Buttrig	Geruch/Flavour assoziiert mit frischer Butter
Rahm	Geruch/Flavour assoziiert mit frischem Rahm
Süßlich	Geruch/Flavour assoziiert mit Karamell
Säuerlich	Geruch/Flavour assoziiert mit frischer Zitronensäure
Fischig	Geruch/Flavour assoziiert mit altem, verdorbenem Fisch
Schwefelig	Geruch/Flavour assoziiert mit schwefelhaltigen Produkten, wie Eier
Ranzig	Geruch/Flavour assoziiert mit oxidierten Fetten
GESCHMACK	
Bitter	Grundgeschmack assoziiert mit Koffeinlösungen

Attribut	Definition
Salzig	Grundgeschmack assoziiert mit NaCl-Lösungen
Sauer	Grundgeschmack assoziiert mit Zitronensäurelösungen
Süß	Grundgeschmack assoziiert mit Saccharoselösungen
NACHGESCHMACK	
Allgemeiner Nachgeschmack	Intensität des allgemeinen Nachgeschmacks (30 Sekunden nach dem Schlucken)

Attribut	Definition
Eiklar	
Mundgefühl & Textur	
Festigkeit/Härte	Beurteilung des Härtegrades des Eiklars. Beschreibt die Kraft die mit den Zähnen aufgebracht werden muss, um das Eiklar mit dem ersten Bissen zu durchbeißen.
Gummiartigkeit	Grad in wieweit sich die Probe beim Kauen im Mund verformt

Attribut	Definition
Eidotter	
Mundgefühl & Textur	
Festigkeit/Härte	Beurteilung des Härtegrades des Eidotters. Beschreibt die Kraft die mit den Zähnen aufgebracht werden muss, um das Eiklar mit dem ersten Bissen zu durchbeißen.
Krümeligkeit	Wahrnehmung von Größe und Form der Partikel vom zerkleinerten Produkt

eigene Darstellung; Literaturquellen: JACOB et al. 2000, MAJCHRZAK 2016, VAN ELSWYK et al. 1995

3.4 Fette

3.4.1 Tierische Fette

3.4.1.1 Butter

Butter ist ein meist aus Rahm oder Milch hergestelltes Streichfett (feste Wasser-in-Fett-Emulsion), die durch den sogenannten Butterungsvorgang gewonnen wird. Ob es sich um eine Sauerrahm- oder Süßrahmbutter handelt, die sich durch den pH-Wert unterscheiden lassen, bestimmt das Ausgangsmaterial und Verfahren. Sauerrahmbutter hat neben einem höheren Gehalt an Aromastoffen einen niedrigeren pH-Wert als Süßrahmbutter.

Butter setzt sich zusammen aus:

- mindestens 80–82 % Fett
- maximal 18–20 % Bestandteile der Buttermilch, davon höchstens 18 % Wasser (EBERMANN und ELMADFA 2011).

Ernährungsphysiologisch ist Butter von hohem Wert, findet überwiegend Verwendung als Brot- und Gebäckaufstrich sowie als Back- und Bratmittel und freut sich dank ihrer einzigartigen Flavour Eigenschaften großer Beliebtheit. Flavour sowie Textur Charakteristika der Butter sind abhängig vom Ursprung der Milch (Kuh, Ziege, Schaf, etc.) sowie Fütterung, Laktationsstadium und Nahrungsergänzungen der Tiere ebenso wie von der Jahreszeit der Produktion (KRAUSE et al. 2007). Für eine positive allgemeine sensorische Bewertung von Butter tragen hauptsächlich die Texturattribute bei, besonders die Schmelzgeschwindigkeit sowie Härte und Streichfähigkeit, die miteinander korrelieren (JINJARAK at el. 2006, MAJCHRZAK 2015). Denn nimmt die Härte der Butter ab resultiert dies in einer höheren Streichfähigkeit (JINJARAK et al. 2006, BOBE et al. 2003).

Tab 10. Attribute inklusive Definitionen zur sensorischen Evaluierung von Butter

Attribut	**Definition**
AUSSEHEN	
Farbe	Intensität der Farbe
Glänzend	Ausmaß der Lichtreflexion auf der Produktoberfläche
Glattheit/Homogenität der Oberfläche	Glattheit/Homogenität der Oberfläche, ohne Klumpen und Partikel
GERUCH/FLAVOUR	
Butterig	Geruch/Flavour assoziiert mit frischer Butter bzw. frischer Schlagsahne
Milchfett	Geruch/Flavour assoziiert mit Milchfett
Gekochte Milch	Geruch/Flavour assoziiert mit gekochter Milch
Süßlich	Geruch/Flavour assoziiert mit süßlichen Substanzen
Fruchtig	Geruch/Flavour assoziiert mit verschiedenen Früchten
Käsig	Geruch/Flavour assoziiert mit gereiftem Käse

Attribut	Definition
Pflanzenöle	Geruch/Flavour assoziiert mit Pflanzenölen
Malzig	Geruch/Flavour assoziiert mit Malz, Karamell
Hefeartig	Geruch/Flavour assoziiert mit fermentierter Hefe
Ranzig	Geruch/Flavour assoziiert mit oxidierten Fetten
Grasig	Geruch/Flavour assoziiert mit frisch gemähtem Gras
Animalisch	Geruch/Flavour assoziiert mit einem Tierstall
Fischig	Geruch/Flavour assoziiert mit Fischöl
Knoblauch/Zwiebel	Geruch/Flavour assoziiert mit Knoblauch, Zwiebel
Muffig/Erdig	Geruch/Flavour assoziiert mit Humus, feuchter Erde und Verfaulungsprozessen
GESCHMACK	
Bitter	Grundgeschmack assoziiert mit Koffeinlösungen
Salzig	Grundgeschmack assoziiert mit NaCl-Lösungen
Sauer	Grundgeschmack assoziiert mit Zitronensäurelösungen
Süß	Grundgeschmack assoziiert mit Saccharoselösungen
TEXTUR/MUNDGEFÜHL	
nicht oral	
Festigkeit/Härte	Kraft, die aufgewendet werden muss, um einen Löffel im 90° Winkel in die Butter zu drücken
Krümeligkeit	Ausmaß der Trockenheit bzw. des Zusammenhaltes des Produktes, wenn Druck mit dem Löffel ausgeübt wird. Krümelige Butter hat eine geringe Streichfähigkeit.
Adhäsivität	Grad, in dem die Probe am Löffel kleben bleibt; Notwendige Kraft um diese vom Löffel zu lösen
Streichfähigkeit	Notwendige Kraft um 1 Messerspitze Butter gleichmäßig auf einem Salzcracker zu verteilen

Attribut	Definition
oral	
Schmelzgeschwindigkeit	Notwendige Zeit um das Produkt im Mund von fest zu flüssig schmelzen zu lassen, bei kontinuierlichem Zerdrücken mit der Zunge gegen den Gaumen. Portionsgröße ist 1/3 Teelöffel
Prickelnd	Prickelnder Eindruck auf der Zunge (z.B. nach dem Trinken von Sodawasser)
Gummiartigkeit	Grad in wieweit sich die Probe beim Kauen im Mund verformt
Krümelig	Anzahl/Größe der Bruchstücke/Teilchen während des Kauens
Mehlig	Wahrnehmung von feinen, weichen, glatten Teilchen, gleichmäßig verteilt im Gesamtprodukt
Mundbelag	Ausmaß des Belages bzw. Films auf Zunge, Lippen und Gaumen (im Mund)
NACHGESCHMACK	
Allgemeiner Nachgeschmack	Intensität des allgemeinen Nachgeschmacks (30 Sekunden nach dem Schlucken)

eigene Darstellung; Literaturquellen: JINJARAK et al. 2006, KRAUSE et al. 2007 und 2008, MAJCHRZAK 2015, ROHM und ULBERTH 1989

3.4.2 Pflanzliche Fette/Öle

3.4.2.1 Olivenöl

Olivenöl wird aus dem Fruchtfleisch und dem Kern der Steinfrüchte des Olivenbaumes (*Olea europaea L.)* gewonnen. In den Mittelmeerländern ist es bereits seit dem Altertum das wichtigste Speiseöl, wobei es damals nicht nur verzehrt, sondern auch als Basis für Salben und Reinigungsmittel Einsatz fand. Bei der Herstellung werden die Früchte gewaschen, ohne dem Kern zerkleinert und schließlich durch Pressung oder Zentrifugation der Saft aus den Früchten gewonnen. Nach dieser Kaltpressung kommt es meist zur Warmpressung (bei ca. 40 °C) und in manchen Fällen auch zur Extraktion des Presskuchens mit Lösungsmittel. Während kaltgepresstes Öl direkt zum Konsum geeignet ist, muss das warm gepresste und extrahierte Öl zur Verwendung als Speiseöl noch raffiniert werden (EBERMANN und ELMADFA 2011).

Olivenöle lassen sich in vier Kategorien, die in den Handel kommen dürfen, unterteilen (INTERNATIONAL OLIVE OIL COUNCIL 1996).

1.) Natives Olivenöl Extra
2.) Natives Olivenöl
3.) Olivenöl (bestehend aus raffinierten und nativen Olivenölen der Kategorien 1 und 2)
4.) Oliventresteröl

Ausschlaggebend für die spätere Qualität und das Geschmack/Flavourprofil des Olivenöls ist die Art der Ernte und insbesondere der Erntezeitpunkt, denn wird dieser zu früh gewählt, führt dies zu einem hohen Gehalt an phenolischen Verbindungen, was letztlich in einem bitteren, sauren und beißenden Öl resultiert (MUZZALUPO et al. 2015). Wird den Steinfrüchten jedoch genug Zeit für die Reifung gegeben, kommt es durch metabolische Prozesse, zur Veränderungen im Profil bestimmter Komponenten wie Triacylglyceride, Fettsäuren, Polyphenole, Tocopherole, Chlorophyll und Carotinoide, die allesamt zur sensorischen Charakteristik, oxidativen Stabilität sowie ernährungsphysiologischen Wertigkeit des Olivenöles beitragen (FUENTES et al. 2015). Für das Fernhalten negativer sensorischer Ausprägungen im Endprodukt, zeigte sich als wesentlich, dass während der Herstellung alle überflüssigen Bestandteile wie Blätter und Zweige sorgfältig entfernt werden sollten. Bei der Pressung selbst erwiesen sich Metallpressen als nachteilig für die Geschmack-/ Flavourqualität des Olivenöls, da diese mit zu hohem Druck auf die Oliven einwirken und so zu der Entstehung eines bitteren und beißend/brennenden Öl beitragen. Um sowohl chemisch-physikalische als auch sensorische Eigenschaften des Öles positiv beizubehalten, ist es wesentlich, die Lagerungsbedingungen des Öles zu kontrollieren. Zu wesentlichen Faktoren hierbei zählen die Temperatur (12-15°C), Licht (Dunkellagerung) sowie Sauerstoff (dichtverschlossen). Zu den am häufigsten sensorisch auftretenden Fehlern zählt Ranzigkeit, primär verursacht durch die oxidative Alterung eines Öles, die durch UV-Licht beschleunigt wird. Eigenschaften wie „stichig/schlammig" und „modrig-feucht", die durch Fehler während der Ernte oder des Herstellungsprozesses entstehen, werden auch negativ mit der Qualität des Olivenöls assoziiert (MUZZALUPO et al. 2015).

Tab 11. Attribute inklusive Definitionen zur sensorischen Evaluierung von Olivenöl

Attribut	**Definition**
AUSSEHEN	
Farbe	Intensität der grünen Farbe
Optische Viskosität	Die Fließfähigkeit des Produktes, wenn man das mit dem Öl vollgefüllte Glas bewegt
GERUCH/FLAVOUR	
Frische Oliven	Geruch/Flavour assoziiert mit Öl, hergestellt aus frischen Oliven

Attribut	Definition
Getrocknete Oliven	Geruch/Flavour assoziiert mit Öl, hergestellt aus ausgetrockneten Oliven
Überreif	Geruch/Flavour assoziiert mit Öl, hergestellt aus überreifen, leicht fermentierten Oliven
Unreif	Geruch/Flavour assoziiert mit Öl, hergestellt aus unreifen Oliven
Fruchtig	Geruch/Flavour assoziiert mit unterschiedlichen Früchten
Muffig/Moderig	Geruch/Flavour assoziiert mit Öl, erhalten durch Oliven, in denen sich eine große Anzahl an Pilzen und Hefen entwickelt hat; verursacht durch zu lange Lagerung vor der Verarbeitung
Schlammig/Sedimentiert	Geruch/Flavour assoziiert mit Öl, das in Kontakt mit den abgesetzten Sedimenten am Untergrund von Tanks und Fässern kam
Grün	Geruch/Flavour assoziiert mit frisch gemähten Gras
Heuartig	Geruch/Flavour assoziiert mit getrockneten Gras, Heu
Metallisch	Geruch/Flavour assoziiert mit einer wässrigen Eisensulfat-Lösung (Metalldosen, Münzen)
Ranzig	Geruch/Flavour assoziiert mit oxidierten Fetten, verursacht durch Licht Exposition
Erdig	Geruch/Flavour assoziiert mit Öl, erhalten durch Oliven, die mit Erde oder Matsch gesammelt, jedoch nicht gewaschen wurden
Erhitzt/Verbrannt	Geruch/Flavour assoziiert mit Öl, verursacht durch verlängertes Erhitzen während der Verarbeitung
Gemüsebrühe	Geruch/Flavour assoziiert mit Gemüsebrühe
Gurke	Geruch/Flavour assoziiert mit Öl, das zu lange hermetisch verpackt wird, besonders in Blechcontainern

Attribut	Definition
Salzlake	Geruch/Flavour assoziiert mit Öl, extrahiert aus Oliven, die in Pökelsalz konserviert wurden
GRUNDGESCHMACK	
Bitter	Grundgeschmack assoziiert mit Koffeinlösungen
Salzig	Grundgeschmack assoziiert mit NaCl-Lösungen
Sauer	Grundgeschmack assoziiert mit Zitronensäurelösungen
Süß	Grundgeschmack assoziiert mit Saccharoselösungen
TEXTUR/MUNDGEFÜHL	
Viskosität	Fließfähigkeit im Mund: Beurteilung der Kraft, die beim Einsaugen des Öles zwischen die Lippen nötig ist
Homogenität	Beurteilung der Gleichmäßigkeit der Klumpen/Partikel im Mund
Mundbelag	Ausmaß des Belages bzw. Films auf Zunge, Lippen und Gaumen (im Mund)
Beißend/Brennend	Beißender, brennender Eindruck auf der Zunge und Mundoberflächen auch nach Entfernen des Reizes; ausgelöst durch Nervus Trigeminus
Stechend	Chemesthetischer Eindruck in der Nase assoziiert mit Spirituosen, Aceton; ausgelöst durch Nervus Trigeminus
Adstringierend	Eindruck einer zusammenziehenden oder kribbelnden Empfindung auf den Oberflächen und/oder Seiten von Zunge und Mund, assoziiert mit Tanninen (z.B. Eindruck nach dem Trinken von schwarzem Tee)
NACHGESCHMACK	
Allgemeiner Nachgeschmack	Intensität des allgemeinen Nachgeschmacks (30 Sekunden nach dem Schlucken)

eigene Darstellung; Literaturquellen: APARICIO et al. 1997, DI SERIO et al. 2016, FUENTES et al. 2015, MUZZALUPO et al. 2015, VALLI et al. 2014, VERORDNUNG (EG) Nr. 640/2008

3.4.2.2 Kürbiskernöl

Kürbiskernöl wird aus den Samen des Ölkürbisses (*Cucurbita pepo subsp. pepo var. Styriaca)* durch Kalt- oder Heißpressung hergestellt, wobei die Samen vor der Pressung teilweise geröstet oder geschält werden (EBERMANN und ELMADFA 2011). Der Röstvorgang ist sehr wichtig und es kommt dabei auf die richtige Temperatur an. Werden die Kerne zu hell geröstet, wird das Öl fad und seifig, werden sie zu dunkel geröstet, beginnen diese zu verbrennen und führen zu einem Kratzen im Hals (SCHWARZ 2008). Kürbiskernöl wird nicht raffiniert. Eine Besonderheit ist der steirische Kürbiskern, der aus speziellen Kürbissamenarten das erste Mal in Österreich hergestellt wurde und der sich durch seine Fettsäurezusammensetzung auszeichnet. Die Samen des *Cucurbita pepo subsp. pepo var. Styriaca* bestehen aus ca. 45 % mehrfach ungesättigten Fettsäuren (PUFA), meistens Linolsäure und ca. 36 % der einfach ungesättigten Fettsäuren (MUFA), meistens Ölsäure. Von den gesättigten Fettsäuren die in diesem Öl vorkommen gehören Palmitin- und Stearinsäure zu den häufigsten. Sensorisch zeigt sich das Kürbiskernöl als besonders einzigartig durch seine satt-grüne Farbe und sein typisch nussiges (nut-like) Aroma, welches sich vor allem durch die Röstung bei hohen Temperaturen und längerer Zeit (> 45 Minuten) ausprägt (FRUWIRTH und HERMETTER 2008). Im steirischen Kürbiskernöl wurden 26 Aroma-aktive Komponenten gefunden, die das typische Aroma des steirischen Kürbiskernöls ausmachen. Diese Geruchstoffe werden durch ihre Vorgänger während des Röstprozesses gebildet. Vor allem die Komponenten aus Kohlenhydrat/Aminosäure-Reaktionen wie z.B. 2-Acetyl- 1-Pyrrolin oder 2-Propionyl-1-Pyrrolin (Röstgeruch und popcornähnlich) und auch die sehr Aroma-aktiven Strecker Aldehyde wie 2- Methylbutanal (malzig) und 3 Methylbutanal (malzig) verleihen dem steirischen Kürbiskernöl sein einzigartiges Aroma. Des Weiteren wurden in Kürbiskernöl etwa 14 Aldehyde entdeckt, unter anderem Pentanal, Hexanal, 2-Hexanal, Heptanal und 2 Heptanal. Die Entstehung dieser Stoffe, die sehr wichtig für eine „grüne" Note im Öl sind, hängen von einer Reihe an enzymatischen Reaktionen ab (POEHLMANN und SCHIEBERLE 2013).

Tab 12. Attribute inklusive Definitionen zur sensorischen Evaluierung von Kürbiskernöl

Attribut	**Definition**
AUSSEHEN	
Grüne Farbe	Intensität der grünen Farbe
Rot-Braune Farbe	Intensität der rot-braunen Farbe
Goldene Farbe	Intensität der goldenen Farbe
Optische Viskosität	Die Fließfähigkeit des Produktes, wenn man das mit Öl vollgefüllte Glas bewegt

Attribut	Definition
GERUCH/FLAVOUR	
Kürbis	Geruch/Flavour assoziiert mit Kürbis / Kürbisprodukten
Malzig	Geruch/Flavour assoziiert mit Malz, Karamell, Toffee
Butterig	Geruch/Flavour assoziiert mit frischer Butter
Fruchtig	Geruch/Flavour assoziiert mit verschiedenen frischen reifen Früchten
Nussig	Geruch/Flavour assoziiert mit frischen Nüssen
Geröstet	Geruch/Flavour assoziiert mit Nüssen, Kernen oder Samen die dunkel geröstet, nicht aber verbrannt sind
Blumig	Geruch/Flavour assoziiert mit verschiedenen Blumen
Grün	Geruch/ Flavour assoziiert mit frisch geschnittenem Gras
Heuartig	Geruch/Flavour assoziiert mit getrocknetem Gras (Heu)
Erdig	Geruch/Flavour assoziiert mit Humus, feuchter Erde
Rauchig	Geruch/Flavour assoziiert mit verkohltem Holz
Schlammig	Geruch/Flavour assoziiert mit Öl, das in Kontakt mit den abgesetzten Sedimenten am Grund von Tanks und Fässern blieb
Ranzig	Geruch/Flavour assoziiert mit oxidierten Fetten
GESCHMACK	
Bitter	Grundgeschmack assoziiert mit Koffeinlösungen
Salzig	Grundgeschmack assoziiert mit NaCl-Lösungen
Sauer	Grundgeschmack assoziiert mit Zitronensäurelösungen
Süß	Grundgeschmack assoziiert mit Saccharoselösungen
TEXTUR/MUNDGEFÜHL	
Viskosität (im Mund)	Fließfähigkeit im Mund; notwendige Kraft beim Einsaugen des Produktes vom Löffel zwischen die Lippen

Attribut	Definition
Mundbelag	Ausmaß des Belages bzw. Films auf Zunge, Lippen und Gaumen (im Mund)
Beißend/Brennend	Beißender, brennender Eindruck auf der Zunge und Mundoberflächen auch nach Entfernen des Reizes; ausgelöst durch Nervus Trigeminus
Stechend	Chemesthetischer Eindruck in der Nase assoziiert mit Spirituosen, Aceton; ausgelöst durch Nervus Trigeminus
Adstringierend	Eindruck einer zusammenziehenden oder kribbelnden Empfindung auf den Oberflächen und/oder Seiten von Zunge und Mund, assoziiert mit Tanninen (z.B. Eindruck nach dem Trinken von schwarzem Tee)
NACHGESCHMACK	
Allgemeiner Nachgeschmack	Intensität des allgemeinen Nachgeschmacks (30 Sekunden nach dem Schlucken)

eigene Darstellung; Literaturquellen: AOCS RECOMMENDED PRACTICE 1992, FRUHWIRTH UND HERMETTER 2008, MAJCHRZAK 2015, NGUYEN und POKORNY 1998, VUJASINOVIC et al. 2010

3.5 Fleisch

3.5.1 Rindfleisch

Als Rindfleisch bezeichnet man das Fleisch verschiedener Rinderrassen, das nach der Schlachtung von Tieren aus der Rinderproduktion hergestellt wird. Fachsprachlich sind Rinder eine Gattungsgruppe der Hornträger. Als domestizierte Nutztiere werden von den Rindern Hausrind und Büffel gehalten. Rind ist der Sammelbegriff für alle Geschlechter, Altersgruppen, Nutzungsarten und Rassen. Das eigentliche Fleisch vom Rind wird in verschiedene Teilstücke unterschieden. Genetik (Bsp. Rasse, Geschlecht) und Mast (Bsp. Tierhaltung, Futter) sowie Schlachtung (Bsp. Transport, Kühlverfahren) und Be-/Verarbeitung (Bsp. Hygiene, Reifen, Verpackung, Garmethode) spielen eine wichtige Rolle in die Qualität von Fleisch (DLG 2011). Sowohl Flavour als auch Texturattribute, hierbei Saftigkeit und Mürbheit des Fleisches, stellen jene Attribute dar, die den größten Einfluss auf die Qualität und in weiterer Folge die Konsumentenakzeptanz von Rindfleisch haben (ADHIKARI et al. 2011). Die Mürbheit des Fleisches steht sowohl mit genetisch bedingten Unterschieden zwischen den Rinderrassen als auch mit dem Alter der Tiere in engen Zusammenhang. Relevant zeigen sich ebenso die Reifung und das Garen, das auch die Saftigkeit mitbestimmt. Die Erhitzung führt zur Denaturierung von Muskeleiweiß, Inaktivierung von Enzymen, Veränderung der Farbe und zu Kochverlusten (Saftaustritt) bedingt durch Schrumpfungsvorgänge. Einen wesentlichen Beitrag scheint auch der Fettgehalt der Tiere zu haben. Hierbei konnte sich bestätigen, dass ein hoher Fettgehalt in den Muskeln eine positive Einwirkung auf die Saftigkeit und Mürbheit des Fleisches ausübt, da er das Bindegewebe lockert und somit zum einen den Kauwiderstand senkt und zum anderen die Saftigkeit bewahrt. Die Bildung des Aromas beruht zum einen auf Tierart, Rasse, Geschlecht und Fütterung und zum anderen auf den Vorgängen nach der Schlachtung, wo es zur Entstehung von Milchsäure und geschmacksgebenden Verbindungen oder freien Aminosäuren (Mononatriumsalz der Glutaminsäure – MSG) kommt, die zu Veränderungen in der Entwicklung des Aromas führen (DLG 2011). Hunderte verschiedene flüchtige Substanzen tragen zum typischen Aroma von Rindfleisch bei, die wesentlich durch die Lagerung und den Kochprozess beeinflusst werden und die Entstehung des Rindfleisch-Flavours zu einem komplexen Thema machen (ADHIKARI et al. 2011). Chemische Untersuchungen über das Flavour von Rindfleisch zeigen, dass jene Substanzen, sogenannte Melanoidine, die in der Maillard Reaktion aus Zuckern und Aminosäuren beim Kochen entstehen, das typische Rind-Flavour charakterisieren. Das während den sogenannten Strecker Reaktionen produzierte Pyrazin Komponenten haben auch einen wichtigen Beitrag für die Entstehung des Rind-Flavours. Dies ist der Grund warum rohes Rindfleisch im Gegensatz zu gekochtem kein Rind-Flavour aufweist. Bei der Entwicklung von positiven und negativen sensorischen Eigenschaften zeigte sich sowohl die Zusammensetzung der Fettsäuren als auch jene der Phosholipide als relevant. Nachteilige Abbauprodukte, wie Aldehyde, Alkohole, Carbonsäuren und Peroxide, die durch die Oxidation der Fettsäuren entstehen führen zu negativen sensorischen Attributen, allen voran „ranzig". Somit trägt der oxidative Zustand der Fettanteile wesentlich zur Ausprägung des Rindfleisch-Flavours und auch zur Alterung von Rindfleisch bei, welche durch höhere Temperaturen und Einwirkung von Luftsauerstoff beschleunigt wird. Wasserlösliche Komponenten aus Futtermitteln wiesen in Untersuchungen auf einen Beitrag zur Entstehung von Off-Flavours bei Rindern aus Grasfütterung hin (MILLER und KERTH 2012). Die Entwicklung des Off-Flavours bei Rindfleisch wird aber auch durch Lagerung und Verarbeitung beeinflusst. Insbesondere das Aufwärmflavour zählt zu einem Problem mit dem sich Industrie und Forschung seit Jahren befasst. Negative Flavour Eigenschaften wie „tiefgekühlt", „aufgetaut", „ranzig", „verdorben" und „Leber-ähnlich" stehen häufig in Verbindung mit mangelhaften Lagerung- und Verarbeitungsbedingungen. Das Grillen auf Holzkohle führt zu einem verbrannten und chemischen Flavour Eindruck. Wesentlich scheint sich auch die Verpackungsart auf die sensorische Qualität auszuwirken. Produkte verpackt in modifizierter Atmosphäre mit 80% Sauerstoff und 20% Kohlenstoffdioxid wiesen durch die Fettoxidation stark ranzige Noten auf und beeinflussen somit negativ die Farbe (ADHIKARI et al. 2011). Somit lässt sich die Entstehung der typischen sensorischen Rindfleisch Merkmale auf eine breite Palette an Einflussfaktoren zurückführen.

Tab 13. Attribute inklusive Definitionen zur sensorischen Evaluierung von Rindfleisch (gekocht, gebraten, gegrillt)

Attribut	Definition
AUSSEHEN	
Farbe	Intensität der Farbe
Glanz	Ausmaß der Lichtreflexion auf der Produktoberfläche
Feuchtigkeit	Wässriger Film an der Produktoberfläche
Glatt/homogen	Glattheit/Homogenität der Oberfläche, ohne Klumpen und Partikel
Porosität	Evaluierung von Größe und Anzahl an Poren
GERUCH/FLAVOUR	
Geruch/Flavour nach Rindfleisch	Typischer Geruch bzw. Flavour nach frischem Rindfleisch
Geröstet	Geruch/Flavour assoziiert mit der Oberflächenbräunung von Fleisch durch den Kochprozess
Blutig	Geruch/Flavour assoziiert mit Blut im gekochten Rindfleisch, Rindfleischprodukten
Holzig	Geruch/Flavour assoziiert mit Holz, Sägespänen
Blumig	Geruch/Flavour assoziiert mit verschiedenen Blumen
Süßlich	Geruch/Flavour assoziiert mit verschiedenen süßen Substanzen (z.B. Vanille, Karamell)
Säuerlich	Geruch/Flavour assoziiert mit verschiedenen sauren Substanzen (z.B. Zitrusfrüchte, Essig)
Frische Milch	Geruch/Flavour assoziiert mit frischer Milch
Gekochte Milch	Geruch/Flavour assoziiert mit gekochter Milch
Fermentiert	Geruch/Flavour assoziiert mit fermentierten Milchprodukten (z.B. Buttermilch)
Fettig	Geruch/Flavour assoziiert mit tierischen Fetten
Leber	Geruch/Flavour assoziiert mit Rindsleber

Attribut	Definition
Rauchig	Geruch/Flavour assoziiert mit rauchender Asche, Tabak
Verbrannt	Geruch/Flavour assoziiert mit zu stark erhitztem Rindfleisch
Grün	Geruch/Flavour assoziiert mit grünen Pflanzenteilen, frisch gemähtem Gras
Heuartig	Geruch/Flavour assoziiert mit getrocknetem Gras, Heu
Leder	Geruch/Flavour assoziiert mit altem, muffigen Leder
Karton	Geruch/Flavour assoziiert mit Papier-, Kartonverpackungen
Tierfell	Geruch/Flavour assoziiert mit Tierhaar
Chemisch	Geruch/Flavour assoziiert mit verschiedenen Chemikalien wie Ammoniak, Chlor
Seifig	Geruch/Flavour assoziiert mit Seife, Lauge
Metallisch	Geruch/Flavour assoziiert mit einer wässrigen Eisensulfat-Lösung (Metalldosen, Münzen)
Ranzig	Geruch/Flavour assoziiert mit oxidierten Fetten
Aufgewärmt	Geruch/Flavour assoziiert mit aufgewärmtem, warmgehaltenem Fleisch
Tiefkühl-artig	Geruch/Flavour assoziiert mit aufgetautem Fleisch aus dem Tiefkühlschrank
GESCHMACK	
Bitter	Grundgeschmack assoziiert mit Koffeinlösungen
Salzig	Grundgeschmack assoziiert mit NaCl-Lösungen
Sauer	Grundgeschmack assoziiert mit Zitronensäurelösungen
Süß	Grundgeschmack assoziiert mit Saccharoselösungen
Umami	Grundgeschmack assoziiert mit Mononatriumglutamat-Lösungen

Attribut	Definition
TEXTUR/MUNDGEFÜHL	
Festigkeit	Jene Kraft die aufgebracht werden muss, um die Probe mit den Stock-/Mahlzähnen zusammenzudrücken
Saftigkeit	Grad der Feuchtigkeit die beim Kauen des Fleisches freigegeben wird
Speichelproduktion	Menge an Speichel der während des Kauens produziert wird
Mürbheit	Notwendige Kraft um das Fleisch bis zum Schlucken zu zerkleinern
Kohesivität	Zusammenhalt der zerkauten Probe im Mund
Krümeligkeit	Wahrnehmung von Größe und Form der Partikel vom zerkleinerten Produkt
Mundbelag	Ausmaß des Belages bzw. Films auf Zunge, Lippen und Gaumen (im Mund)
Beißend/Brennend	Beißender, brennender Eindruck auf der Zunge und Mundoberflächen auch nach Entfernen des Reizes; ausgelöst durch Nervus Trigeminuc
Adstringierend	Eindruck einer zusammenziehenden oder kribbelnden Empfindung auf den Oberflächen und/oder Seiten von Zunge und Mund, assoziiert mit Tanninen (z.B. Eindruck nach dem Trinken von schwarzem Tee)
Rückstände	Menge an Rückständen in den Backenzähnen nach dem Schlucken
NACHGESCHMACK	
Allgemeiner Nachgeschmack	Intensität des allgemeinen Nachgeschmacks (30 Sekunden nach dem Schlucken)

eigene Darstellung; Literaturquellen: ADHIKARI et al. 2011, MAUGHAN et al. 2011, MILLER und KERTH 2012

3.5.2 Schweinefleisch

Schweinefleisch ist ein Sammelbegriff für die zum Verzehr geeigneten Teile des jungen Mastschweines, die bei der Schlachtung etwa sieben bis acht Monate alt sind.

Neben dem gesundheitlichen Nährwert zählt die sensorische Qualität von Fleisch für den Konsumenten zu den wichtigsten Charakteristika für den Kauf. Sowohl die Fütterung, Haltung und Schlachtung der Tiere als auch die Verarbeitung durch Industrie und Zubereitung durch den Konsumenten tragen maßgeblich zur Fleischqualität bei. Nicht ohne Bedeutung sind auch genetische Faktoren. Es konnte festgestellt werden, dass Schweine mit einem RN^-Trägergen (eine Genotyp Art) höhere Saftigkeit, Mürbheit und ein stärker ausgeprägtes Gesamt Fleischflavour aufweisen. Bei dem Einfluss der Futterzusammensetzung wurde beobachtet, dass sich Silage Futtermittel mit einem hohen Anteil an oxidierten mehrfach ungesättigten Fettsäuren negativ auf Geschmack/Flavour und Geruch aber auch die Konsistenz des Fleisches auswirken (JONSÄLL et al. 2002). Ähnlich wie bei Rindfleisch bestimmen Textureigenschaften wie Mürbheit, Saftigkeit und Festigkeit in hohem Maße die sensorische Qualität von Schweinefleisch. Schweinefleisch ist ebenso wie Kalb- und Geflügelfleisch aufgrund des jungen Schlachtalters normalerweise zart. Unsachgemäße Behandlung bei der Kühlung des geschlachteten Fleisches oder falsche Zubereitung verschlechtern die Mürbheit (DLG 2011). Durch die Fleischreifung bilden sich aroma- und geschmacksaktive Substanzen, vorwiegend durch Abbau- und Umwandlungsprodukte von Aminosäuren, die letztlich für das typische „Flavour" des Fleisches verantwortlich sind. Die Problematik des Off-Flavours bei Schweinefleisch äußert sich durch sensorische Eigenschaften wie „aufgewärmt", „ranzig", „fischig", „verdorben", „gummiartig", „kartonartig" und wird oftmals durch unsachgemäße Kühlung und Verarbeitung verursacht.

Tab 14. Attribute inklusive Definitionen zur sensorischen Evaluierung von Schweinefleisch

Attribut	**Definition**
AUSSEHEN	
Farbe	Intensität der Farbe
Glanz	Ausmaß der Lichtreflexion auf der Produktoberfläche
Glattheit/Homogenität der Oberfläche	Glattheit/Homogenität der Oberfläche, ohne Klumpen und Partikel
Porosität	Evaluierung von Größe und Anzahl an Poren
GERUCH/FLAVOUR	
Hühnerfleisch	Geruch/Flavour assoziiert mit gekochtem Hühnerfleisch
Schweinefleisch	Geruch/Flavour assoziiert mit gekochtem Schweinefleisch
Gummiartig	Geruch/Flavour assoziiert mit Gummibändern, Radiergummi
Kartonartig	Geruch/Flavour assoziiert mit Kartonschachteln

Attribut	**Definition**
Getreideartig	Geruch/Flavour assoziiert mit gemahlenen und gerösteten Getreidekörnern
Pflanzenöle	Geruch/Flavour assoziiert mit frischen Pflanzenölen
Nussig	Geruch/Flavour assoziiert mit verschiedenen Nüssen
Geröstet	Geruch/Flavour assoziiert mit der Oberflächenbräunung von Fleisch durch den Kochprozess
Getoastet	Geruch/Flavour assoziiert mit getoastetem Weißbrot
Säuerlich	Geruch/Flavour assoziiert mit Milchsäure
Aufgewärmt	Geruch/Flavour assoziiert mit aufgewärmtem, warmgehaltenem Fleisch
Fischig	Geruch/Flavour assoziiert mit altem Fisch
Ranzig	Geruch/Flavour assoziiert mit oxidierten Fetten
GESCHMACK	
Bitter	Grundgeschmack assoziiert mit Koffeinlösungen
Salzig	Grundgeschmack assoziiert mit NaCl-Lösungen
Sauer	Grundgeschmack assoziiert mit Zitronensäurelösungen
Süß	Grundgeschmack assoziiert mit Saccharoselösungen
Umami	Grundgeschmack assoziiert mit Mononatriumglutamat-Lösungen
TEXTUR/MUNDGEFÜHL	
Festigkeit	Jene Kraft die aufgebracht werden muss, um die Probe mit den Stock-/Mahlzähnen zusammenzudrücken
Saftigkeit	Grad der Feuchtigkeit die beim Kauen des Fleisches freigegeben wird
Mürbheit	Notwendige Kraft um das Fleisch bis zum Schlucken zu zerkleinern
Krümeligkeit	Wahrnehmung von Größe und Form der Partikel vom zerkleinerten Produkt

Attribut	Definition
Mundbelag	Ausmaß des Belages bzw. Films auf Zunge, Lippen und Gaumen (im Mund)
Adstringierend	Eindruck einer zusammenziehenden oder kribbelnden Empfindung auf den Oberflächen und/oder Seiten von Zunge und Mund, assoziiert mit Tanninen (z.B. Eindruck nach dem Trinken von schwarzem Tee)
Beißend/Brennend	Beißender, brennender Eindruck auf der Zunge und Mundoberflächen auch nach Entfernen des Reizes; ausgelöst durch Nervus Trigeminus
NACHGESCHMACK	
Allgemeiner Nachgeschmack	Intensität des allgemeinen Nachgeschmacks (30 Sekunden nach dem Schlucken)

eigene Darstellung; Literaturquellen: BYRNE et al. 1999, JONSÄLL et al. 2000 und 2002, RODRIGUES und TEIXEIRA 2014

3.5.3 Fleischerzeugnisse

3.5.3.1 Schinken und Rohschinken

Der Begriff „Schinken" beschreibt fertig zubereitete Fleischerzeugnisse (meist vom Schwein), die zumeist kalt verzehrt werden. Durch Pökeln, Brühen, Braten, Trocknen und Räuchern wird der Schinken über längere Zeit haltbar gemacht. Der Hauptgrund für die längere Haltbarkeit ist neben den antibiotisch wirkenden Inhaltsstoffen des Salzes und des Rauches die Absenkung der Wasseraktivität (EBERMANN und ELMADFA 2011). Die Beliebtheit von Schinken und Rohschinken beruht zum Großteil auf seinem spezifischen Flavour und seiner Textur, welche durch den Gehalt an Wasser, Proteinen und Fett beeinflusst werden. Hierbei zählen sensorische Eigenschaften wie Saftigkeit, Mürbheit und Festigkeit zu den wichtigsten. Ebenso ausschlaggebend für die Qualität sind die optischen Attribute wie die Farbe und die Marmorierung („marbling") des Schinkens. Unter Marmorierung versteht man, wie stark das Fleisch von aderförmigen Fetteinlagerungen durchzogen wird. Ein gut marmoriertes Fleisch zeigt höhere Intensitäten von Aroma, Zartheit, Saftigkeit als seine magere Variante (DLG 2011). Wie bei Fleisch, spielt auch bei Schinken die Reifung des Produktes, die zahlreiche biochemische Reaktionen der Proteine, Fette und Kohlenhydrate involviert, eine wesentliche Rolle für die Entwicklung des typischen Aromas/Flavours. Kleine Peptide und freie Aminosäuren als Produkte der proteolytischen Vorgänge tragen nicht nur zum Flavour bei, sondern haben einen deutlichen Effekt auf die Textur von Schinken (DEL OLMO et al. 2013). Die freien Aminosäuren, wie Arginin, Leucin, Valin, Isoleuchin, Phenylalanin, Methionin und Tryptophan sind für die Entstehung der Bitterkeit verantwortlich, während Lysin, Alanin, Threonin, Prolin, Serin und Glycin den Schinken einen süßen Geschmack verleihen. Gluatminsäure und Asparaginsäure beeinflussen den Geschmack von umami und Histidin jenen von sauer (DEL OLMO et al. 2013). Während der Reifung wird die Textur des Produktes fester, was sich auf den Verlust an Feuchtigkeit und die Erhöhung der Salzkonzentration zurückführen lässt. Mürbheit und Klebrigkeit sind durch intensive Proteolyse Vorgänge beeinflusst, was sich sowohl auf den Anstieg der Salzkonzentration als auch auf den Proteinabbau während der Reifung beziehen lässt (JIRA et al. 2017). Zusätzlich wurde beobachtet, dass sich durch die Beimengung von Phosphaten zum Rohmaterial ein geringerer Feuchtigkeitsverlust verzeichnen lässt. Dies führt in weiterer Folge zu einer Verbesserung der Saftigkeit des Schinkens und gleichzeitig zur Reduktion von Eigenschaften wie Festigkeit und Gummiartigkeit (BARBIEREI et al. 2016).

Tab 15. Attribute inklusive Definitionen zur sensorischen Evaluierung von Schinken und Rohschinken

Attribut	**Definition**
AUSSEHEN	
Farbe	Intensität der Farbe
Glänzend	Ausmaß der Lichtreflexion auf der Produktoberfläche
Marmorierung	Ausprägung an Fettadern im Produkt
Homogenität	Beurteilung der Gleichmäßigkeit des Produktes
Optische Kohesivität	Zusammenhalt des Produktes
GERUCH/FLAVOUR	
Allgemein	Gesamtintensität, ortho- und retronasal wahr-genommener Eindrücke
Rohes Schweinefleisch	Geruch/Flavour assoziiert mit rohem Schweinefleisch
Gekochtes Schweinefleisch	Geruch/Flavour assoziiert mit gekochtem Schweinefleisch
Ebergeruch	Geruch/Flavour assoziiert mit Eberfleisch
Beizgewürz	Geruch/Flavour assoziiert mit sauren Gurken
Gewürze	Geruch/Flavour assoziiert mit Nelken, Zimt, Muskatnuss
Fettig	Geruch/Flavour assoziiert mit tierischem Fett
Heuartig	Geruch/Flavour assoziiert mit Heu

Attribut	Definition
Muffig	Geruch/Flavour assoziiert mit Dachboden, alten Büchern
Metallisch	Geruch/Flavour assoziiert mit einer wässrigen Eisen-sulfat-Lösung (Metalldosen, Münzen)
Animalisch	Geruch/Flavour assoziiert mit Kuhstall, Bauernhof
Ranzig	Geruch/Flavour assoziiert mit oxidierten Fetten
GESCHMACK	
Bitter	Grundgeschmack assoziiert mit Koffeinlösungen
Salzig	Grundgeschmack assoziiert mit NaCl-Lösungen
Sauer	Grundgeschmack assoziiert mit Zitronensäurelösungen
Süß	Grundgeschmack assoziiert mit Saccharoselösungen
Umami	Grundgeschmack assoziiert mit Mononatriumglutamat-Lösungen
TEXTUR/MUNDGEFÜHL	
Festigkeit	Jene Kraft die aufgebracht werden muss, um die Probe mit den Stock-/ Mahlzähnen zusammenzudrücken
Kaubarkeit	Erforderliche Anzahl an Kaubewegungen, um 1/4 einer Schinkenscheibe in einen schluckbaren Zustand zu bringen
Saftigkeit	Grad der Feuchtigkeit die beim Kauen des Fleisches freigegeben wird
Elastizität	Grad in dem die Originalform des Produktes nach dem Zusammendrücken zwischen den Zähnen wiederhergestellt wird
Mürbheit	Notwendige Kraft um das Fleisch bis zum Schlucken zu zerkleinern
Adhäsivität	Benötigte Kraft, um mit der Zunge die Probe wieder vom Gaumen zu lösen
Kohesivität	Ausmaß des Zusammenhalts der Probe

Attribut	Definition
Krümeligkeit	Wahrnehmung von Große und Form der Partikel vom zerkleinerten Produkt
Gummiartigkeit	Grad in wieweit sich die Probe beim Kauen im Mund verformt
Mundbelag	Ausmaß des Belages bzw. Films auf Zunge, Lippen und Gaumen (im Mund)
Adstringierend	Eindruck einer zusammenziehenden oder kribbelnden Empfindung auf den Oberflächen und/oder Seiten von Zunge und Mund, assoziiert mit Tanninen (z.B. Eindruck nach dem Trinken von schwarzem Tee)
Beißend/Brennend	Beißender, brennender Eindruck auf der Zunge und Mundoberflächen auch nach Entfernen des Reizes; ausgelöst durch Nervus Trigeminus
NACHGESCHMACK	
Allgemeiner Nachgeschmack	Intensität des allgemeinen Nachgeschmacks (30 Sekunden nach dem Schlucken)

eigene Darstellung; Literaturquellen: BARBIERI et al. 2016, DEL OLMO et al. 2013, FLORES et al. 1997, JIRA et al. 2017, LOS et al. 2014, SUGIMOTO et al. 2016, YIM et al. 2016

3.5.3.2 Würste und Rohwürste

Definitionsmäßig versteht man unter Würsten „Fleischerzeugnisse, aus zerkleinertem Skelettmuskelfleisch und Fettgewebe (in der Regel Schweinespeck), die unter Zusatz von Kochsalz, Gewürzen, Wasser, diversen Hilfsstoffen (Lebensmittel- und Zusatzstoffen) und bei bestimmten Wurstsorten auch unter Mitverwendung von Innereien, Blut und Schwarten, hergestellt werden" (ÖSTERREICHISCHES LEBENSMITTELBUCH 2017).
Wurstsorten lassen sich in drei große Gruppen zusammenfassen:
- Brät-, Brüh-, oder Bratwürste
- Kochwürste,
- Rohwürste (EBERMANN und ELDMADFA 2011).

Die Wurstmasse wird in natürliche Därme, künstliche Wursthüllen oder in für die Wurstsorte typische Behälter, abgefüllt. Im Anschluss kommt es zu Behandlungen, wie Erhitzen, Räuchern, Pökeln, Fermentieren und Trocknen, die Einfluss auf die typischen Geruch-/Flavoureigenschaften der Wurst haben (ÖSTERREICHISCHES LEBENSMITTELBUCH 2017).

Beim Pökeln, Behandlung von Fleisch mit einer Mischung aus Kochsalz, Natriumnitrat (1-2%) und Natriumnitrit (0,5-0,6%), wird durch die Zugabe des genannten Pökelsalzes dem Fleisch Flüssigkeit entzogen. Ergebnis ist ein haltbares Erzeugnis, das die typische, hitzestabile rote Farbe aufweist. Sie entsteht durch die Wechselwirkung des Nitrits mit dem Muskelfarbstoff Myoglobin. Gleichzeitig bildet sich „Pökelaroma-/flavour" aus (EBERMANN und ELMADFA 2011).

Tab 16. Attribute inklusive Definitionen zur sensorischen Evaluierung von Würsten und Rohwürsten

Attribut	**Definition**
AUSSEHEN	
Farbe	Intensität der Farbe
Glänzend	Ausmaß der Lichtreflexion auf der Produktoberfläche
Marmorierung	Ausprägung an Fettadern im Produkt
Homogenität	Beurteilung der Gleichmäßigkeit des Produktes
Exsudat	Ausgeschiedenes Fett an der Produktoberfläche
GERUCH/FLAVOUR	
Allgemein	Gesamtintensität, ortho- und retronasal wahrgenommener Eindrücke
Rohes Schweinefleisch	Geruch/Flavour assoziiert mit rohem Schweinefleisch
Gekochtes Schweinefleisch	Geruch/Flavour assoziiert mit gekochtem Schweinefleisch
Schwarzer Pfeffer	Geruch/Flavour assoziiert mit schwarzem Pfeffer
Geräuchert	Geruch/Flavour assoziiert mit dem Rauch bestimmter Hölzer
Säuerlich	Geruch/Flavour assoziiert mit Milchsäure
Schimmelartig	Geruch/Flavour assoziiert mit Schimmelbewuchs
Gewürze	Geruch/Flavour assoziiert mit Nelken, Zimt, Muskatnuss
Fettig	Geruch/Flavour assoziiert mit tierischem Fett
Metallisch	Geruch/Flavour assoziiert mit einer wässrigen Eisensulfat-Lösung (Metalldosen, Münzen)
Fischig	Geruch/Flavour assoziiert mit verdorbenem Fisch

Attribut	Definition
Animalisch	Geruch/Flavour assoziiert mit Kuhstall, Bauernhof
Ranzig	Geruch/Flavour assoziiert mit oxidierten Fetten
GESCHMACK	
Bitter	Grundgeschmack assoziiert mit Koffeinlösungen
Salzig	Grundgeschmack assoziiert mit NaCl-Lösungen
Sauer	Grundgeschmack assoziiert mit Zitronensäurelösungen
Süß	Grundgeschmack assoziiert mit Saccharoselösungen
Umami	Grundgeschmack assoziiert mit Mononatriumglutamat-Lösungen
TEXTUR/MUNDGEFÜHL	
Festigkeit	Jene Kraft die aufgebracht werden muss, um die Probe mit den Stock-/Mahlzähnen zusammenzudrücken
Saftigkeit	Grad der Feuchtigkeit die beim Kauen des Produktes freigegeben wird
Mürbheit	Notwendige Kraft um die Wurst bis zum Schlucken zu zerkleinern
Krümeligkeit	Wahrnehmung von Größe und Form der Partikel vom zerkleinerten Produkt
Kohesivität	Ausmaß des Zusammenhalts der Probe
Gummiartigkeit	Dichte während der notwendigen Kauzeit, um die Probe passend zum Schlucken zu machen
Faserigkeit	Wahrgenommene Fasern in den Backenzähnen
Mundbelag	Ausmaß des Belages bzw. Films auf Zunge, Lippen und Gaumen (im Mund)
Adstringierend	Eindruck einer zusammenziehenden oder kribbelnden Empfindung auf den Oberflächen und/oder Seiten von Zunge und Mund, assoziiert mit Tanninen (z.B. Eindruck nach dem Trinken von schwarzem Tee)

Attribut	Definition
Beißend/brennend	Beißender, brennender Eindruck auf der Zunge und Mundoberflächen auch nach Entfernen des Reizes; ausgelöst durch Nervus Trigeminus
NACHGESCHMACK	
Allgemeiner Nachgeschmack	Intensität des allgemeinen Nachgeschmacks (30 Sekunden nach dem Schlucken)

eigene Darstellung; Literaturquellen: CARRAPISO et al 2015, KAŠPAR und BUCHTOVÁ 2015, PAULOS et al. 2015, PEÉREZ-CACHO et al. 2005

3.6 Fisch

Je nach Lebensraum können Fische in Süßwasser- und Salzwasserfische (Meeresfische, Seefische) eingeteilt werden. Eine andere Möglichkeit der Kategorisierung von Speisefischen ist nach der Körperform (Rundfische oder Plattfische) oder dem Gehalt an Körperfett (Magerfische z.B. Kabeljau, Hecht oder Fettfische z.B. Aal, Karpfen) (EBERMANN und ELMADFA, 2011). Zu den Faktoren, die Einfluss auf die sensorischen Merkmale von Fisch haben, zählen die biologische Vielfalt, der Ursprung, ob es sich um Zucht- oder Wildfisch handelt, die Zuchtbedingungen sowie Verarbeitung und Lagerung nach dem Fang beziehungsweise der Schlachtung (GREEN-PETERSEN et al. 2006). Der fangfrische Fisch durchläuft generell drei Phasen des Verderbs, die zu Veränderungen der sensorisch wahrnehmbaren Eigenschaften beitragen können. Die erste Phase, der autolytische Verderb, verursacht durch körpereigene lipolytisch und proteolytisch wirkende Enzyme, setzt sofort nach dem Tod ein und hält bis zu 10 Tage an. Es kommt noch zu keiner wahrnehmbaren unangenehmen Geruchsbildung, die äußeren Charakteristika des Fisches werden jedoch zusehends verschlechtert. In der zweiten Phase, die in etwa 3–5 Tage andauert, kommt es neben dem autolytischen zu mikrobiellen Veränderungen. Die Fette werden durch den Kontakt mit Luftsauerstoff oxidiert und die Muskeln durch Mikroorganismen besiedelt. Die Haut des Fleisches beginnt sich zu verfärben, es zeigen sich erste sensorisch negativ assoziierte Geruchsnoten, wie „ranzig", „verfault" und man kann Texturveränderungen, wie z.B. Verlust der Elastizität, beobachten. In der dritten Phase, die nach ca. 10 Tagen beginnt und mit dem vollständigen Verderb des Fisches endet, kommt es zum mikrobiellen Abbau von freien Aminosäuren, Nukleotiden und Peptiden, was zum typischen unangenehmen fischigen Geruch führt (DLG 2012).

Verwendete Fischsorten für Tab 17.: Dorsch, Lachs, Hering, Flunder, Forelle und Kattfisch.

Tab 17. Attribute inklusive Definitionen zur sensorischen Evaluierung von verschiedenen Fischarten

Attribut	**Definition**
AUSSEHEN	
Farbe weiß	Intensität der weißen Farbe
Farbe grau	Intensität der grauen Farbe
Farbe braun	Intensität der braunen Farbe
Farbe Lachs	Intensität der dunkel rosa, roten Farbe
Verfärbungen	Flecken und Verfärbungen auf der Oberfläche
Gleichmäßigkeit der Farbe	Gleichmäßige Verteilung der Farbe
Flockigkeit	Gewebe zerfällt beim Zerdrücken mit Gabel in Flocken
Proteinausfällung	Weißlicher Schaum an Oberfläche und äußeren Seiten der Probe
Glänzend	Ausmaß der Lichtreflexion auf der Produktoberfläche
Homogenität	Beurteilung der Gleichmäßigkeit des Produktes
GERUCH/FLAVOUR	
Frischer Fisch	Geruch/Flavour assoziiert mit frischem Fisch
nach Meer	Geruch/Flavour assoziiert mit frischer Meergeruch
nach Meeresfrüchten	Intensität des Geruchs, den man mit frischen Meeresfrüchten assoziiert
nach frischem Fischöl	Intensität des Geruchs, den man mit frischem Fischöl assoziiert
Alter Fisch	Geruch/Flavour assoziiert mit altem, verdorbenem Fisch
Salzfisch	Geruch/Flavour assoziiert mit getrocknetem Salzfisch
Tiefkühlfisch	Geruch/Flavour assoziiert mit Fisch, der in einem Tiefkühlschrank gelagert wurde
Süßlich	Geruch/Flavour assoziiert mit süßen Substanzen
Butterig	Geruch/Flavour assoziiert mit frischer Butter
Fleischig	Geruch/Flavour assoziiert mit gekochtem Fleisch

Attribut	Definition
Stärkeähnlich	Geruch/Flavour assoziiert mit gekochten Kartoffeln
Pilzartig	Geruch/Flavour assoziiert mit Pilzen
Fettig	Geruch/Flavour assoziiert mit tierischem Fett
Schwefelartig	Geruch/Flavour assoziiert mit gekochten Eiern
Muffig/Trocken	Geruch/Flavour assoziiert mit Dachböden, alten Büchern
Muffig/Feucht	Geruch/Flavour assoziiert mit nasser Erde, Hummus
Kartonartig	Geruch/Flavour assoziiert mit Kartonverpackungen
Verfault	Geruch/Flavour assoziiert mit verfaulten Meeresalgen
Schimmelig	Geruch/Flavour assoziiert mit Schimmelbewuchs
Metallisch	Geruch/Flavour assoziiert mit einer wässrigen Eisensulfat-Lösung (Metalldosen, Münzen)
Ranzig	Geruch/Flavour assoziiert mit oxidierten Fetten
GESCHMACK	
Bitter	Grundgeschmack assoziiert mit Koffeinlösungen
Salzig	Grundgeschmack assoziiert mit NaCl-Lösungen
Sauer	Grundgeschmack assoziiert mit Zitronensäurelösungen
Süß	Grundgeschmack assoziiert mit Saccharoselösungen
Umami	Grundgeschmack assoziiert mit Mononatriumglutamat-Lösungen
TEXTUR/MUNDGEFÜHL	
Festigkeit	Jene Kraft die aufgebracht werden muss, um die Probe mit den Stock-/Mahlzähnen zusammenzudrücken
Saftigkeit	Grad der Feuchtigkeit die beim Kauen des Produktes freigegeben wird
Mürbheit	Notwendige Kraft um den Fisch bis zum Schlucken zu zerkleinern

Attribut	Definition
Kaubarkeit	Erforderliche Anzahl an Kaubewegungen, um die Fischprobe in einen schluckbaren Zustand zu bringen
Krümeligkeit	Wahrnehmung von Größe und Form der Partikel vom zerkleinerten Produkt
Gummiartigkeit	Grad in wieweit sich die Probe beim Kauen im Mund verformt
Faserigkeit	Menge an Fasern evaluiert während des Kauens nach fünf bis acht Kaubewegungen
Klebrigkeit	Ausmaß, in dem die Probe an einer der Mundoberflächen kleben bleibt
Mundbelag	Ausmaß des Belages bzw. Films auf Zunge, Lippen und Gaumen (im Mund)
NACHGESCHMACK	
Allgemeiner Nachgeschmack	Intensität des allgemeinen Nachgeschmacks (30 Sekunden nach dem Schlucken)

eigene Darstellung; Literaturquellen: ALEXI et al. 2016, DLG 2012, DRAKE et al. 2006, GREEN-PETERSEN et al. 2006, MAJCHRZAK 2016, WARM et al. 2000

3.7 Getreide

3.7.1 Brot und Kleingebäck

Als eines der häufigsten konsumierten Lebensmittel stellt Brot für viele Menschen eine Hauptnährstoffquelle für Kohlenhydrate, Fette und Proteine sowie Vitamine (B- Komplex, Vitamin E), Mineralstoffe und Spurenelemente dar (EBERMANN und ELMADFA et al. 2011, COLLADO-FERNÁNDEZ 2003). Der Anteil an raffiniertem Getreide in der menschlichen Ernährung wird auf ca. 95% geschätzt. Während des Mahlvorgangs werden aber Kleie und Keimling abgetrennt und somit können wertvolle biologisch aktive Nährstoffe, wie Mineral-, Ballaststoffe, Antioxidantien und Phytoöstrogene verloren gehen (PEREIRA et al. 2002).

3.7.1.1 Weizenbrot

Weizen (*Triticum sp.)* ist heute die wichtigste Getreideart in der westlichen Welt, die in zahlreichen Sorten kultiviert wird. Die Einteilung der Weizensorten erfolgt nach ihrem

Chromosomensatz, jene mit tetraploidem (Hartweizensorten: *Triticum durum*) oder hexaploidem (Weichweizen: *Triticum aestivum*). Hartweizen wird vorzugsweise zur Herstellung von Teigwaren und Grieß verwendet, während Weichweizen als das eigentliche Brotgetreide gilt. Spezielle Kleber und ein gutes Gashaltevermögen machen die Mehle von *Triticum aestivum* sehr backfähig (EBERMANN und ELMADFA 2011). Neben Proteinen und Wasser stellt Stärke den Hauptbestandteil in Weizenbrot dar. Dabei wird Weizenbrot aus Weizenmehl, Wasser, Hefe und Salz produziert, wobei teilweise noch andere Zutaten wie Fett, Zucker oder Teigverbesserungsmittel beigement werden. Durch den Knetvorgang kommt es zu Wechselwirkungen zwischen den Einzelkomponenten, die in Quellen der Stärke sowie biochemischen Prozessen wie z.B. Hefegärung resultieren (KULP und PONTE 1981). Das instabile, elastische, feste Gefüge von gebackenem Brot ist durch ein elastisches Netzwerk aus miteinander vernetzten Glutenmolekülen und Stärkepolymeren zusammengesetzt, die zum Teil in Komplexen mit Lipiden vorliegen. In den Zwischenräumen dieser Matrix zeigt sich eine inhomogene Phase bestehend aus eingeschlossenen, verkleisterten, gequollenen und teils verformten Stärkekörnern sowie Wasser (GRAY und BEMILLER 2003). Sensorisch betrachtet tragen die guten Klebereigenschaften von Weichweizen, teilweise von den enthaltenen Hemicellulosen verursacht, zu einem großen Backvolumen, einer hell-gefärbten Kruste und einer lockeren Krume bei. In Abhängigkeit der Anbaumethode, Ernte, Vermahlung und Backmethode (HEENAN et al. 2009) zeigen sich sensorisch positive oder negative Auswirkungen sowohl auf Textureigenschaften wie Knusprigkeit, Härte, Elastizität, Adhäsivität und Saftigkeit als auch auf die Farbintensität und die Entstehung von frischem, brottypischen Geruch/Flavour. Brot enthält über 200 verschiedene Aromastoffe, die bereits im Mehl vorliegen, ein Großteil bildet sich aber erst bei der Teiggärung sowie beim Backen (MAGA 1974, SCHIEBERLE und GROSCH 1985). So entstehen durch enzymatische Prozesse während der Teigführung organische Säuren (u.a. Essigsäure, Propionsäure, Buttersäure), Alkohole (u.a. Ethanol, Propanol, Isobutanol), Ester (u.a. Essigsäureethylester, Essigsäuremethylester), Aldehylde (u.a. Acetaldehyd, Propanal, Butanal) und freie Fettsäuren (MARTINEZ-ANAYA 1996).Nach dem Backen kommen in Weizenbrotkruste 2-Acetyl-1-pyrrolin, 3-Methylbutanal und (E)-2-Nonenal vor (SCHIEBERLE und GROSCH 1987a und 1987b), während in Weizenbrotkrume 3-Methylbutanol, 2-Phenylethanol, (E)-2-Nonenal und (E,E)-2,4-Decadienal detektiert wurde (HANSEN und SCHIEBERLE 2005, BELITZ et al. 2008). Für das röstige Aroma der frischen Weißbrotkruste ist N-Heterocyclen, das während der Maillardreaktion entsteht, verantwortlich (SCHIEBERLE und GROSCH 1985). Während der Lagerung von Brot nimmt aber dieses für frisches Brot typische röstige Aroma ab und es entsteht ein fettig, altbackener Aromaeindruck. Das lässt sich auf den Verlust wichtiger röstiger Aromastoffe (2-Acetyl-1-pyrrolin) bei gleichbleibenden fettigen Aromanoten ((E)-2-Nonenal, Buttersäure) zurückführen. Es kommt auch zu einer deutlichen Veränderung der Struktur. Die Krumenfestigkeit nimmt zu, die Knusprigkeit und Frische der Kruste sinkt (KULP 1981, WISCHNEWSKI 2008).

Verwendete Weizenbrotsorten für Tab 18.: Ciabatta, Baguette, Foccacia, Croissant, Bagel, Brioche und Panini

Tab 18. Attribute inklusive Definitionen zur sensorischen Evaluierung von verschiedenen Weizenbrotarten

Attribut	**Definition**
AUSSEHEN	
Als Ganzes	
Form des Querschnittes	Form des Querschnittes - abgerundet: runde, regelmäßige Form ohne Kanten - deformiert: Gebäck außer Form, aufgeplatzt, zerquetscht
Glattheit	Glattheit der Oberfläche, frei von Unebenheiten bzw. Unregelmäßigkeiten
Glanz	Ausmaß der Lichtreflexion auf der Gebäckoberfläche
Abtrennung der Rinde	Maß in dem die Rinde abgehoben werden kann
Kruste	
Dicke	Dicke der Kruste am Seitenteil (ohne Boden)
Farbe	Intensität der Krustenfarbe
Mattheit	Glanzlose Oberfläche des Gebäcks
Poren-Größe	Größe der Poren auf der Oberfläche
Riss-Größe	Größe der Risse auf der Oberfläche
Gleichmäßigkeit der Farbe	Ausmaß, in dem die Farbe gleichmäßig ist (nicht fleckig)
Krume	
Farbe	Intensität der Krumenfarbe
Geschmolzenes Aussehen	Zellen sehen geschmolzen aus
GERUCH/FLAVOUR	
Weizenbrot	Geruch/Flavour assoziiert mit weißem Brot
Getoastet	Geruch/Flavour assoziiert mit gebackenen Körnern
Verbrannt	Geruch/Flavour assoziiert mit zu lange gebackenen Getreideprodukten
Stärke-ähnlich	Geruch/Flavour assoziiert mit Stärke (Kartoffeln, Reis, Mais gekocht)
Getreideartig	Geruch/Flavour assoziiert mit Getreide

Attribut	Definition
Malzig	Geruch/Flavour assoziiert mit Malz
Fruchtig	Geruch/Flavour assoziiert mit verschiedenen frischen Früchten
Getrocknete Früchte	Geruch/Flavour assoziiert mit getrockneten Früchten wie Rosinen
Backtriebmittel	Geruch/Flavour assoziiert mit Backpulver
Bierartig	Geruch/Flavour assoziiert mit fermentiertem Bier
Hefeartig	Geruch/Flavour assoziiert mit fermentierter Hefe
Brotgewürz	Geruch/Flavour assoziiert mit Brotgewürz (Kümmel, Fenchel, Koriander)
Eiartig	Geruch/Flavour assoziiert mit gekochten Eiern
Essig	Geruch/Flavour assoziiert mit Essig
Karamellisiert	Geruch/Flavour assoziiert mit Karamell
Milchig	Geruch/Flavour assoziiert mit frischer Kuhmilch
Milchsäure	Geruch/Flavour assoziiert mit fermentierten Milchprodukten
Muffig/Trocken	Geruch/Flavour assoziiert mit Dachböden, alten Büchern
Muffig/Feucht	Geruch/Flavour assoziiert mit nasser Erde, Hummus
Nussig	Geruch/Flavour assoziiert mit verschiedenen Nüssen
Fettig	Geruch/Flavour assoziiert mit Fetten
Säuerlich	Geruch/Flavour assoziiert mit verschiedenen sauren Substanzen
Süßlich	Geruch/Flavour assoziiert mit verschiedenen süßen Substanzen
Teigig	Geruch/Flavour assoziiert mit feuchten, zu wenig gebackenen Getreideprodukten

Attribut	Definition
GESCHMACK	
Bitter	Grundgeschmack assoziiert mit Koffeinlösungen
Salzig	Grundgeschmack assoziiert mit NaCl-Lösungen
Sauer	Grundgeschmack assoziiert mit Zitronensäurelösungen
Süß	Grundgeschmack assoziiert mit Saccharoselösungen
TEXTUR/MUNDGEFÜHL	
Kruste	
Knusprigkeit (mit den Fingern)	Art des Zerbrechens, wenn die Probe mit den Fingern zerbrochen wird
Knusprigkeit (oral)	Empfundene Kraft, mit der das Produkt mit einem einzigen Bissen mit den Schneidezähnen in Stücke geteilt wird
Krümeligkeit (mit den Fingern)	Menge der gebildeten Krümel, wenn man mit dem Zeigefinger 3 Mal auf der Probenoberfläche abwärts streicht
Krümeligkeit (oral)	Wahrnehmung von Größe und Form der Partikel vom zerkleinerten Produkt
Festigkeit/Härte (mit den Fingern)	Benötigte Kraft, um die Probe mit einem Finger zusammenzudrücken
Festigkeit/Härte (oral)	Benötigte Kraft, um die Probe mit den Backenzähnen zusammenzudrücken
Krume	
Elastizität (mit den Fingern)	Fähigkeit der Probe nach Ausüben von Druck mit dem Finger wieder in den Ausgangszustand zurückzukehren
Elastizität (oral)	Kraft, mit der die Probe nach Zusammendrücken zwischen Zunge und Gaumen wieder in den Ausgangszustand (Größe/Form) zurückkehrt

Attribut	Definition
Kohäsivität (mit den Fingern)	Leichtigkeit, mit der die Masse aus dem Zentrum der Krume für 5 Sekunden in einen Ball geformt werden kann
Kohäsivität (oral)	Ausmaß indem ein Produkt verformt werden kann, bevor es zerbricht
Adhäsivität zum Gaumen (oral)	Benötigte Kraft, um mit der Zunge die Probe wieder gänzlich vom Gaumen zu lösen
Saftigkeit (mit den Fingern)	Wahrnehmung von Feuchtigkeit bei der Berührung mit dem Finger
Saftigkeit (oral)	Flüssigkeitsmenge, die während der ersten beiden Bisse von der Probe abgegeben wird
Kaubarkeit (oral)	Erforderliche Anzahl an Kaubewegungen, um 1/4 einer Brotscheibe (ohne Kruste) in einen schluckbaren Zustand zu bringen
Mundbelag	Ausmaß des Belages bzw. Films auf Zunge, Lippen und Gaumen (im Mund)
Adstringierend	Eindruck einer zusammenziehenden oder kribbelnden Empfindung auf den Oberflächen und/oder Seiten von Zunge und Mund, assoziiert mit Tanninen (z.B. Eindruck nach dem Trinken von schwarzem Tee)
Trocken/schleifend	Eindruck wahrgenommen als schleifend/trocken wenn man mit der Zunge über die Zahnrückseite reibt
NACHGESCHMACK	
Allgemeiner Nachgeschmack	Intensität des allgemeinen Nachgeschmacks (30 Sekunden nach dem Schlucken)

eigene Darstellung; Literaturquellen: BRUNNMAIR und MAJCHRZAK 2015, ELIA 20011, HAYAKAWA 2010, HEENAN et al. 2009, KILBERG 2004, LOTONG et al. 2000, MAJCHRZAK 2015, MANAL et al. 2014, MORAIS et al. 2014, SHOGREN et al. 2003, VINDRAS-FOUILLET et al. 2014, ZHARFI et al. 2012

3.7.2 Teigwaren

3.7.2.1 Weizenteigwaren

Teigwaren sind kochfertige Lebensmittel, die aus dem Grieß oder dem Mehl des Hartweizens unter Beifügung von Wasser durch Formen und Trocknen hergestellt werden (EBERMANN und ELMADFA 2011). Für die sensorische Qualität von Weizenteigwaren verantwortlich zeigt sich mitunter die Farbe. Die Entstehung der gelben Farbe wird beispielsweise durch den Gehalt an Gluten verstärkt. Bei gekochten Nudeln ist sowohl das Aussehen als auch die Textur wichtig. Das Produkt soll eine hohe Festigkeit und Elastizität sowie geringe Klebrigkeit aufweisen (TANG et al. 1999). Der perfekte Biss ist sensorisch eines der wichtigsten Argumente für den Kauf von bestimmten Produkten (MARTINEZ et al. 2007). Deshalb spielt es eine wesentliche Rolle, dass die Nudeln weder zu weich, zu hart oder ungleichmäßig bissfest sind.

Tab 19. Attribute inklusive Definitionen zur sensorischen Evaluierung von Weizenteigwaren

Attribut	Definition
AUSSEHEN	
Farbe gelb	Intensität der gelben Farbe
Lichtdurchlässigkeit	Ausmaß, in dem Licht die Teigwaren durchdringen kann
Glanz	Ausmaß, in dem die Teigwaren Licht reflektieren
Glattheit der Oberfläche	Glattheit der Oberfläche, frei von Unebenheiten bzw. Unregelmäßigkeiten
GERUCH/FLAVOUR	
Eiartig	Geruch/Flavour assoziiert mit gekochten Eiern
Stärkeartig	Geruch/Flavour assoziiert mit Stärke (bsp. gekochter Reis)
Milchig	Geruch/Flavour assoziiert mit Produkten hergestellt aus Kuhmilch
Ölig	Geruch/Flavour assoziiert mit Pflanzenölen
Muffig/Trocken	Geruch/Flavour assoziiert mit alten Büchern, Dachböden
GRUNDGESCHMACK	
Bitter	Grundgeschmack assoziiert mit Koffeinlösungen
Salzig	Grundgeschmack assoziiert mit NaCl-Lösungen
Süß	Grundgeschmack assoziiert mit Saccharoselösungen
TEXTUR/MUNDGEFÜHL	

Attribut	Definition
Festigkeit (mit den Fingern)	Benötigte Kraft, um 1 Nudel mit den Fingern zusammenzudrücken
Festigkeit (oral)	Benötigte Kraft, um die Probe mit den Backenzähnen zusammenzudrücken
Elastizität (mit den Fingern)	Ausmaß, in dem 1 Nudel ihren ursprünglichen Zustand wieder erreicht, nachdem sie gedehnt wurde
Elastizität (oral)	Kraft, mit der die Probe nach Zusammendrücken zwischen Zunge und Gaumen wieder in den Ausgangszustand (Größe/Form) zurückkehrt
Klebrigkeit (mit den Fingern)	Ausmaß, in dem 2 Nudeln aneinanderhaften beim Versuch sie zu trennen
Klebrigkeit (oral)	Benötigte Kraft, um mit der Zunge die Probe wieder gänzlich vom Gaumen zu lösen
Kaubarkeit	Erforderliche Anzahl an Kaubewegungen, um die Probe in einen schluckbaren Zustand zu bringen
NACHGESCHMACK	
Allgemeiner Nachgeschmack	Intensität des allgemeinen Nachgeschmacks (30 Sekunden nach dem Schlucken)

eigene Darstellung; Literaturquellen: ARAVIND et al. 2012, BUSTOS et al. 2011, MAJCHRZAK 2016, MARTINEZ et al. 2007, TANG et al. 1999, TORRES et al. 2007

3.8 Gemüse

3.8.1 Wurzel- und Knollengemüse

3.8.1.1 Kartoffel und Süßkartoffel

Kartoffel

Als Kartoffel (*Solanum tuberosum*), die ursprünglich aus Peru stammt und im 16. Jahrhundert nach Europa gelangt ist, bezeichnet man die knollenförmig verdickten unterirdischen Speicherorgane der Kartoffelpflanze. Unterteilt werden die zahlreichen Kartoffelsorten in fest kochende (speckig) und mehlig kochende (mehlig, locker). Als Speisekartoffel (Salatkartoffel) verwendet werden hauptsächlich fest kochende Kartoffeln, während mehlige aufgrund des höheren Stärkeanteils großteils zur Herstellung von Kartoffelpüree oder in der Industrie zur Stärkeerzeugung eingesetzt werden (EBERMANN und ELMADFA 2011). Sensorisch betrachtet, bietet die Vielzahl an unterschiedlichen Kartoffelsorten ein breites Spektrum an Farbe, Aroma, Geschmack, Flavour und Textur, die als eine der wichtigsten Qualitätsparameter gelten. Optische Eigenschaften wie Verfärbungen nach dem Kochen, die Intensität der gelben Farbe sowie die Bräunung bei gebackenen und frittierten Kartoffeln scheinen großen Einfluss auf die Kaufentscheidung von Konsumenten zu haben (SEEFELDT et al. 2010). Die Geruchs-/Flavour Entwicklung verschiedener Sorten ist von Wachstumsbedingungen abhängig, während gute Witterungsbedingungen beim Wachstum die Süße beeinflussen, führen schlechte Bedingungen zur Ausprägung von „bitteren", „sauren", „erdigen" sowie „muffig/modrigen" Geruchs-/Flavournoten. Die höheren Gehalte an Alkaloiden (Solanin und Chaconin) sind für die Bitterkeit der Kartoffel verantwortlich. Diskutiert wird auch, dass neben den Glycoalkaloiden, Phenole für Adstringenz und Bitterkeit verantwortlich sein sollen (MAHNKE-PLESKER et al. 2011).

Süßkartoffel

Die Süßkartoffel (*Ipomoea batatas L.)* ist eine ursprünglich aus Zentralamerika stammende Pflanze, die heute in über hundert Ländern, hauptsächlich in tropischen und subtropischen Gebieten, angebaut wird. Der süße Geschmack lässt sich auf einen höheren Gehalt an Mono- und Oligosacchariden zurückführen. Die Anteile an Kohlenhydrat-, Protein- und Mineralstoffen ähneln jenen der Kartoffel *Solanum tuberosum*. Bestimmt durch die intensive orange Farbe weisen Süßkartoffel einen sehr hohen ß-Carotingehalt auf (EBERMANN und ELMADFA 2011). Sensorisch betrachtet zeichnet sich die Süßkartoffel durch eine cremige, saftige Textur, dem Flavour nach braunem Zucker und getrockneten Aprikosen sowie einem süßen Geschmack aus. Durch Fehler in Aufzucht und Lagerung kann es unter anderem durch Bakterien- und Pilzbefall zur Entwicklung eines bitteren, umami Geschmacks sowie Adstringenz und einem „kreidigen", „fasrigen" Mundgefühl kommen (LEKSRISOMPONG et al. 2012).

Tab 20. Attribute inklusive Definitionen zur sensorischen Evaluierung von Kartoffeln und Süßkartoffeln (gekocht)

Attribut	Definition
AUSSEHEN	
Farbe	Intensität der Farbe (im Rohprodukt und nach dem Kochen)
Gleichmäßigkeit der Farbe	Gleichmäßigkeit der Verteilung der Farbe (nicht fleckig)
Verfärbungen	Flecken und Verfärbungen an der Produktoberfläche
Glanz	Glanz an der Schnittfläche; Ausmaß der Lichtreflexion an der Oberfläche
Feuchtigkeit	Wässriger Film an der Schnittfläche
GERUCH/FLAVOUR	
Kartoffel/Süßkartoffel	
Kartoffel/Süßkartoffel	Geruch/Flavour assoziiert mit gekochten Kartoffeln/Süßkartoffeln
Stärke-ähnlich	Geruch/Flavour assoziiert mit stärkehaltigem Gemüse (Mais, Kürbis, Karotten gekocht)

Attribut	Definition
Buttrig	Geruch/Flavour assoziiert mit frischer Butter
Erdig	Geruch/Flavour assoziiert mit feuchter Erde und halbgaren Kartoffeln/Süßkartoffeln
Grün	Geruch/Flavour assoziiert mit grünen, unreifen Kartoffeln und Trieben
Erhitzt	Geruch/Flavour assoziiert mit aufgewärmten, warmgehaltenen Kartoffeln/Süßkartoffeln
Verbrannt	Geruch/Flavour assoziiert mit verbrannten Kartoffeln/Süßkartoffeln
Süßkartoffel	
Brauner Zucker	Geruch/Flavour assoziiert mit braunem Zucker,
Getrocknete Aprikosen	Geruch/Flavour assoziiert mit getrockneten Aprikosen
GRUNDGESCHMACK	
Bitter	Grundgeschmack assoziiert mit Koffeinlösungen
Salzig	Grundgeschmack assoziiert mit NaCl-Lösungen
Sauer	Grundgeschmack assoziiert mit Zitronensäurelösungen
Süß	Grundgeschmack assoziiert mit Saccharoselösungen
Umami	Grundgeschmack assoziiert mit Mononatriumglutamat-Lösungen
TEXTUR/MUNDGEFÜHL	
mit Gabel	
Festigkeit (mit Gabel)	Kraft die aufgewandt werden muss um mit der Gabel in eine halbierte gekochte Kartoffel/Süßkartoffel einzustechen
Feuchtigkeit/Saftigkeit	Beurteilen der Menge an Nässe/Saftigkeit, die bei leichtem Drücken mit einer Gabel aus der Probe austritt
Elastizität	Fähigkeit der Probe nach Ausüben von Druck mit der Gabel wieder in den Ausgangszustand zurückzukehren
Faserigkeit	Ausmaß der Fasern sichtbar in der Probe einer halbierten Kartoffel/Süßkartoffel
Im Mund	
Festigkeit	Kraft die angewendet werden muss, um die Kartoffel/Süßkartoffel mit den Schneidezähnen durchzubeißen

Attribut	Definition
Schalenrückstände	Ausmaß an bissfesten Schalenrückständen in der Probe
Kohäsivität	Der Zusammenhalt der Probe; Ausmaß indem die Kartoffel/Süßkartoffel im Mund verformt werden kann, bevor das Stück zerbricht
Adhäsivität	Ausmaß, in dem die Probe an einer der Mundoberflächen, wie Zähne, Zahnfleisch oder Gaumen, klebt und als breiig wahrgenommen wird
Saftigkeit	Flüssigkeitsmenge, die während der ersten beiden Bisse von der Probe abgegeben wird
Kaubarkeit	Erforderliche Anzahl an Kaubewegungen, um ein 1cm großes Stück Kartoffel/Süßkartoffel in einen schluckbaren Zustand zu bringen
Elastizität	Kraft, mit der die Probe nach Zusammendrücken zwischen Zunge und Gaumen wieder in den Ausgangszustand (Größe/Form) zurückkehrt
Faserigkeit	Menge an Fasern, evaluiert während des Kauens nach fünf bis acht Kaubewegungen
Krümeligkeit	Wahrnehmung von Größe und Form der Partikel vom zerkleinerten Produkt
Cremigkeit	Beurteilung der cremigen, samtigen Konsistenz der zerkleinerten Probe im Mund
Homogenität	Beurteilung der Gleichmäßigkeit der zerkleinerten Probe im Mund
NACHGESCHMACK	
Allgemeiner Nachgeschmack	Intensität des allgemeinen Nachgeschmacks (30 Sekunden nach dem Schlucken)

eigene Darstellung; Literaturquellen: LEIGHTON et al. 2010, LEKSRISOMPONG et al. 2012, MAREČEK et al. 2015, MONTOUTO-GRANA et al. 2012, PARDO et al. 2000, SEEFELDT et al. 2010

3.8.2 Blattgemüse

Als Blattgemüse wird Gemüse bezeichnet, bei denen die Blätter und Stiele verzehrt werden. Blattgemüse zählt zu den beliebtesten Gemüsearten, sie kommen in allen gemäßigten Klimazonen der Welt vor. Botanisch gesehen gehören die meisten Blattgemüsearten, wie Kopfsalate, Chicorée, Radicchio, Endivien zur Familie der Korbblütler (*Compósitae*). Einige Blattgemüse wie Mangold und Spinat zählen zu den Familien der Gänsefußgewächse (*Chenopodiáceae*) und zu den Baldriangewächsen (*Valeri-*

anáceae) wie z.B. der Feldsalat, während Kohlgemüse ein Teil der Familie der Kreuzblütler (*Brassicaceae* oder *Cruciferae*) ist. Kohlgemüse (Weißkohl, Rotkohl, Wirsing) zählt auch zu den Blattgemüsen, da die Blätter verwendet werden. (EBERMANN und ELMADFA 2011). Als größte und vielfältigste Gruppe innerhalb der Blattgemüse gelten die Salate. Einen Einfluss auf die sensorische Qualität von Blattgemüse haben sowohl Aufzucht, Ernte und Verarbeitung als auch Transport und Lagerung, während derer es vermehrt durch den Abbau von Chlorophyll und Verlust von Wasser zu Alterungsprozessen kommt (TALAVERA-BIANCHI et al. 2009). Spezielle Komponenten wie etwa verschiedene Hexanale zeigen sich verantwortlich für die Entwicklung eines „grünen" Geruchs/Flavours. Hierzu zählen Attribute wie „Grün-bohnenartig", „Grün-grasig", „Grün-rispenartig" und „Grün-unreif" (HONGSOONGNERN und CHAMBERS 2008, KING et al. 2006). Insbesondere Blattspinat-Arten weisen höhere Intensitäten dieser Charakteristika auf. Das/Der häufig auftretende „erdige" Geruch/Flavour scheint sich auf Geosmin zurückführen zu lassen, das beispielsweise auch der Roten Rübe ihren erdigen Geruch/Flavour verleiht. Das/Der schwefelige Geruch/Flavours wie nach gekochten Eiern, wird durch verschiedene Schwefelverbindungen bei Vertretern der *Cruciferae* Familie, allen voran Blättern von Weiß-, Rot- und Grünkohl, verursacht (TALAVERA-BIANCHI et al. 2009).

Tab 21. Attribute inklusive Definitionen zur sensorischen Evaluierung von frischem Blattgemüse

Attribut	**Definition**
AUSSEHEN	
Farbe	Intensität der Farbe
Gleichmäßigkeit der Farbe	Gleichmäßigkeit der Verteilung der Farbe (nicht fleckig)
GERUCH/FLAVOUR	
Grün-bohnenartig	Geruch/Flavour assoziiert mit rohen grünen Bohnen
Grün-grasig	Geruch/Flavour assoziiert mit frisch gemähtem Gras
Grün-rispenartig	Geruch/Flavour assoziiert mit grünem Gemüse und Stielen
Grün-unreif	Geruch/Flavour assoziiert mit unreifen pflanzlichen Materialien/Rohstoffen
Harzig	Geruch/Flavour assoziiert mit einem harzreichen Kieferbaum
Holzig	Geruch/Flavour assoziiert mit Holz, Rinde
Kohlgemüse	Geruch/Flavour assoziiert mit rohem Kohlgemüse
Salat	Geruch/Flavour assoziiert mit Salat wie Eichblatt
Petersilie	Geruch/Flavour assoziiert mit frischer Petersilie
Rettich	Geruch/Flavour assoziiert mit frischem Rettich

Attribut	Definition
Rote Rübe (Beete)	Geruch/Flavour assoziiert mit frischer roter Beete
Sellerie	Geruch/Flavour assoziiert mit getrockneten Sellerieblättern
Spinat	Geruch/Flavour assoziiert mit frischem Spinat
Zitrusartig	Geruch/Flavour assoziiert mit Zitrusfrüchten wie Zitronen, Limetten, Orangen, kann auch eine Note der Schale enthalten
Blumig	Geruch/Flavour assoziiert mit verschiedenen Blumen
Süßlich	Geruch/Flavour assoziiert mit verschiedenen süßen Substanzen
Metallisch	Geruch/Flavour assoziiert mit einer wässrigen Eisen-sulfat-Lösung (Metalldosen, Münzen)
Muffig/erdig	Geruch/Flavour assoziiert mit feuchter Erde, Hummus
Schwefelartig	Geruch/Flavour assoziiert mit gekochten Eiern
Seifig	Geruch/Flavour assoziiert mit duftlosen Handseifen
GRUNDGESCHMACK	
Bitter	Grundgeschmack assoziiert mit Koffeinlösungen
Salzig	Grundgeschmack assoziiert mit NaCl-Lösungen
Sauer	Grundgeschmack assoziiert mit Zitronensäurelösungen
Süß	Grundgeschmack assoziiert mit Saccharoselösungen
Umami	Grundgeschmack assoziiert mit Mononatriumglutamat-Lösungen
TEXTUR/MUNDGEFÜHL	
Festigkeit	Kraft die angewendet werden muss, um die Probe mit den Schneidezähnen durchzubeißen
Kohäsivität	Zusammenhalt der Probe; Ausmaß indem ein Produkt verformt werden kann, bevor es zerbricht
Saftigkeit	Flüssigkeitsmenge, die während der ersten beiden Bisse von der Probe abgegeben wird
Faserigkeit	Menge an Fasern, evaluiert während des Kauens nach fünf bis acht Kaubewegungen
Elastizität	Kraft, mit der die Probe nach Zusammendrücken zwischen Zunge und Gaumen wieder in den Ausgangszustand (Größe/Form) zurückkehrt

Attribut	Definition
Adstringierend	Eindruck einer zusammenziehenden oder kribbelnden Empfindung auf den Oberflächen und/oder Seiten von Zunge und Mund, assoziiert mit Tanninen (z.B. Eindruck nach dem Trinken von schwarzem Tee)
Trocken/schleifend	Eindruck wahrgenommen als schleifend/trocken wenn man mit der Zunge über die Zahnrückseite reibt
NACHGESCHMACK	
Allgemeiner Nachgeschmack	Intensität des allgemeinen Nachgeschmacks (30 Sekunden nach dem Schlucken)

eigene Darstellung; Literaturquellen: HONGSOONGNERN und CHAMBERS 2008, TALAVERA-BIANCHI et al. 2010

3.8.3 Gemüsefrüchte

3.8.3.1 Tomaten und Tomatenprodukte

Die Tomatenpflanze ist ursprünglich in Südamerika heimisch (EBERMANN und ELMADFA 2011). Ab dem 19. Jahrhundert war die Tomate aus der europäischen Küchenkultur nicht mehr wegzudenken. Der Siegeszug hat mit den variablen Einsatzmöglichkeiten der Tomate zu tun, aber auch mit ihrem einzigartigen Geschmack bzw. Flavour. Chemisch gesehen enthält die Tomate eine Vielzahl aus Fruchtsäuren, Zucker und etwa 400 flüchtige chemische Verbindungen (BELITZ et al. 2008). Für das Aroma verantwortlich sein dürften nach wissenschaftlichen Erkenntnissen lediglich weniger als 30 dieser Inhaltsstoffe. Einkauf, Lagerung und Zubereitung entscheiden ebenso darüber, wie gesund Tomaten sind und wie intensiv wohl ihr Aroma/Flavour ist. Die gesundheitliche Wirkung der Tomate ergibt sich aus ihrem hohen Nährstoffgehalt bei gleichzeitig niedrigem Brennwert. 100 Gramm der Frucht enthalten etwa zwischen 15 und 24 Kalorien, der Fettanteil liegt bei verschwindend geringen 0,21 Gramm. Der Wasseranteil der Tomate beträgt über 90 Prozent, was in Zusammenspiel mit dem hohen Säuregehalt den erfrischenden Geruch/Flavour der Frucht ausmacht. Der lateinische Name der Tomate lautet *Solanum lycopersicum.* Die Bezeichnung birgt einen Hinweis auf einen besonders hochwertigen sekundären Pflanzenihaltsstoff: Lycopin, der als eines der stärksten Antioxidantien gilt, zu den Carotinoiden gehört und der Tomate ihre rote, intensive Farbe gibt. (EBERMANN und ELMADFA 2011). Am üppigsten kommt Lycopin in erhitzten Tomaten vor: Stecken in 100 Gramm roher Früchte etwa 3 Milligramm davon, sind es in gekochter Tomatensoße 10 Milligramm, im Tomatenmark sogar 42 Milligramm. Beim Herstellungsablauf von Tomatenprodukten werden die frischen Tomaten im Ernteland geschält, zerkleinert, pasteurisiert und im Anschluss passiert. Durch diese Prozesse kommt es einerseits zu erwünschten, z.T. aber auch zu unerwünschten Veränderungen des Aromas/Flavours der frischen Tomaten (KREISSL und SCHIEBERLE 2010). Das Aroma der Tomaten wird vor allem durch Hexanal, Hexenal, (Z)-3-Hexenal, (E)-2-Hexenal, (E)-2-Heptenal, Methional, 3-Methylbutanal, (E,E)-2,4-Decadienal, 3-Methylbutanol, 1-Octen-3-on, 1-Penten-3-on, 6-Methyl-5-hepten-2-on, 2-Isobutylthiazol und 2-Isobutylionon geprägt (KRUMBEIN et al. 2004, BERNA et al. 2005, EISINGER und MAJCHRZAK 2010). In frischen, reifen Tomaten sind wenige Terpenoide zu finden, darunter Limonen (BERNA et al. 2005, EISINGER und MAJCHRZAK 2010,). Der Gehalt an flüchtigen Substanzen von tafelreif geernteten Tomaten ist höher als jener von grün geernteten Tomaten, die daraufhin noch unter unterschiedlichen Bedingungen gelagert wurden. Besonders hohe Ausprägung zeigte das fruchtig-blumige Aroma (STERN et al. 1994, EISINGER und MAJCHRZAK 2010). Während der Lagerung kommt es zu sensorischen Veränderungen der Tomaten, wobei einerseits die Intensität des positiv assoziierten Attributs „tomatenartig" zunimmt, andererseits die unerwünschten Geruchs-/Flavournoten wie "muffig-erdig" und „modrig", wofür die Komponenten Hexanal und 2-Isobutylthiazol auch stärker ausgeprägt sind. Mit dem tomatenartigen Aroma korreliert positiv das Vorkommen der flüchtigen Aromakomponenten 3-Methylbutanal, 6-Methyl-5-Hepten-2-on, (E)-2-Heptenal, (E,E)-2,4-Decadienal und Geranylaceton (KRUMBEIN et al. 2004, EISINGER und MAJCHRAZK 2010). Als Hauptgeschmacksstoffe wurden die Monosaccharide Glucose und Fructose, die organischen Säuren Äpfelsäure und Citronensäure, die Aminosäuren Glutaminsäure, Asparaginsäure und γ- Aminobuttersäure, Kaliumchlorid und 5'-Nucleotide detektiert. Zu den weiteren wichtigen Geschmacksstoffen der Tomate gehören Rutin und Tomatin, die adstringierend wirken sowie Polyphenole, die den süßen Geschmack beeinflussen können (z.B. Naringeninchalkon, E-riodictoylchakon und Phloretin). Bei einer thermischen Verarbeitung der Tomaten, konnte gesteigerte Intensität des umami Geschmacks, die mit der Erhöhung der Konzentrationen an Pyroglutamat und des Amadoriproduktes N-(1-Desoxy-D-fructos-1-yl)-L-glutamat assoziiert ist, beobachtet werden. Die den süßen Geschmack modulierenden Flavanon-Chalkone die vorwiegend in den Schalen der Tomaten zu finden sind werden im Laufe der industriellen Verarbeitung aus den Schalen extrahiert und unterliegen einen thermisch induzierten Abbau, weshalb sind sie bei industriell verarbeiteten Tomatenprodukten sensorisch nicht relevant (KREISSL und SCHIEBERLE 2010).

Tab 22. Attribute inklusive Definitionen zur sensorischen Evaluierung von Tomaten und Tomatenprodukten

Attribut	Definition
AUSSEHEN	
Frische Tomaten	
Farbe	Intensität der Farbe
Form	Visuelle Beurteilung der üblichen sortenspezifischen Form der Tomate; deformiert: Produkt außerhalb der üblichen Form

Attribut	Definition
Glattheit	Glattheit der Oberfläche, frei von Unebenheiten bzw. Unregelmäßigkeiten
Tomatenprodukte	
Farbe	Intensität der Farbe
Glanz der Oberfläche	Ausmaß der Lichtreflexion an der Produktoberfläche
Viskosität (optisch)	Ausmaß des Fließwiderstandes; evaluiert an der Fließgeschwindigkeit der Probe während des Gießens von einem Teelöffel
Wässrig	Auftreten von Flüssigkeit an der Oberfläche
GERUCH/FLAVOUR	
Frische Tomaten	
Frische Tomaten	Geruch/Flavour assoziiert mit frischenTomaten
Grün-Rispenartig	Geruch/Flavour assoziiert mit grünem Gemüse und Tomatenrispen
Fruchtig	Geruch/Flavour assoziiert mit verschiedenen Früchten
Überreif	Geruch/Flavour assoziiert mit überreifen Tomaten
Verfault	Geruch/Flavour assoziiert mit verfaulten Pflanzen (schimmelig)
Muffig/Erdig	Geruch/Flavour assoziiert mit feuchter Erde, Humus
Tomatenprodukte	
Verarbeitete Tomaten	Geruch/Flavour assoziiert mit hitzebehandelten Tomaten
Fruchtig	Geruch/Flavour assoziiert mit verschiedenen Früchten
Geröstet	Geruch/Flavour assoziiert mit getoasteten und karamellisierten Produkten
Würzig	Geruch/Flavour assoziiert mit verschiedenen Gewürzen

Attribut	Definition
Überreif	Geruch/Flavour assoziiert mit überreifen Tomaten
Verfault	Geruch/Flavour assoziiert mit verfaulten Pflanzen (schimmelig)
Kartonartig	Geruch/Flavour assoziiert mit Karton oder Papierverpa-ckung
Metallisch	Geruch/Flavour assoziiert mit einer wässrigen Eisensul-fat-Lösung (Metalldosen, Münzen)
Muffig/Erdig	Geruch/Flavour assoziiert mit feuchter Erde, Humus
Chemisch	Geruch/Flavour assoziiert mit Chemikalen wie Chlor, Ammoniak, Aldehyde
GESCHMACK	
Bitter	Grundgeschmack assoziiert mit Koffeinlösungen
Salzig	Grundgeschmack assoziiert mit NaCl-Lösungen
Sauer	Grundgeschmack assoziiert mit Zitronensäurelösungen
Süß	Grundgeschmack assoziiert mit Saccharoselösungen
Umami	Grundgeschmack assoziiert mit Mononatriumglutamat-Lösungen
TEXTUR/MUNDGEFÜHL	
Frische Tomaten	
Festigkeit (mit Fingern)	Benötigte Kraft, um die Probe mit den Fingern zusam-menzudrücken
Festigkeit (oral)	Kraft die angewendet werden muss, um die Probe mit den Schneidezähnen durchzubeißen
Feuchtigkeit (mit Fingern)	Probe zwischen den Zeigefingern halten und Beurteilen der Menge an Nässe/Saftigkeit, die bei leichtem Drücken aus der Probe austritt
Feuchtigkeit (oral)	Menge an ausgedrückter Flüssigkeit während des ersten und zweiten Kauens

Attribut	Definition
Glattheit (oral)	Beurteilen des Vorhandenseins von Partikeln im Mund
Faserigkeit (oral)	Menge an faserigen Bestandteilen in der Probe, die von der Tomate kommen
Schalen – Anteil (oral)	Menge an Schalenteilchen, die während des Kauens wahrgenommen werden
Tomatenprodukte	
Viskosität (oral)	Fließfähigkeit im Mund; notwendige Kraft beim Einsaugen des Produktes vom Löffel zwischen die Lippen
Glattheit (oral)	Beurteilen des Vorhandenseins von Partikeln
Wässrigkeit (oral)	Wässriges Mundgefühl
Streichfähigkeit	Beschreibt die Kraft mit der sich die Probe auf einem Stück Weißbrot verteilen lässt
Faserigkeit (oral)	Menge an Fasern, evaluiert während des Kauens nach fünf bis acht Kaubewegungen
Mehligkeit (oral)	Wahrnehmung von feinen, weichen, etwas runden und glatten Teilchen, gleichmäßig verteilt im Gesamtprodukt
Fruchtfleisch–Anteil (oral)	Menge an wahrnehmbarer Pulpa im flüssigen Anteil der pürierten Produkte, evaluiert zwischen Gaumen und Zunge
Schalen–Anteil (oral)	Menge an Schalenteilchen, die während des Kauens wahrgenommen werden
Samen–Anteil (oral)	Menge an Samenteilchen, evaluiert während des Kauens (Menge: ein Teelöffel des Produktes)
Mundbelag	Ausmaß des Belages bzw. Films auf Zunge, Lippen und Gaumen (im Mund)
Beißend/Brennend	Beißender, brennender Eindruck auf der Zunge und Mundoberflächen auch nach Entfernen des Reizes; ausgelöst durch Nervus Trigeminus

Attribut	Definition
Adstringierend	Eindruck einer zusammenziehenden oder kribbelnden Empfindung auf den Oberflächen und/oder Seiten von Zunge und Mund, assoziiert mit Tanninen (z.B. Eindruck nach dem Trinken von schwarzem Tee)
Nachgeschmack	
Allgemeiner Nachgeschmack	Intensität des allgemeinen Nachgeschmacks (30 Sekunden nach dem Schlucken)

eigene Darstellung; Literaturquellen: BAYOD et al. 2008, HONGSOONGNERN und CHAMBERS 2008, MAJCHRZAK 2016, PLANOVSKÀ et al. 2009, THAKUR et al. 1996, TORBICA et al. 2016

3.8.3.2 Essiggurken

Essiggurken bzw. Gewürzgurken (in Österreich auch Essiggurkerl genannt), sind junge, unreife Gurken, die mit einem kochenden, gewürzten Essig-Kräuter-Sud übergossen und danach pasteurisiert sind. Die meistens industriell gefertigten Gewürzgurken unterscheiden sich sehr in der Größe und in der verwendeten Gewürzmischung, welche sich aus Dill, gelben Senfkörnern, Zwiebeln, Salz, und eventuell Zucker sowie Aromen zusammensetzt (ROSE 2007). Ein ausgewogenes Verhältnis von Salz, Säure, Zucker und Gewürzen ist in den Essiggurken sehr wichtig. Süße maskiert den sauren Geschmack in einem bestimmten Ausmaß, abhängig von der Konzentration der beiden Substanzen Zucker und Säure. Die Zugabe von 2% Saccharose zu den Essiggurken reduziert z.B. unerwünschte Flavournoten, die aus dem hohen Säureanteil resultieren und erhöhen das würzige Flavour (JOHANNINGSMEIER et al. 2002).

Tab 23. Attribute inklusive Definitionen zur sensorischen Evaluierung von Essiggurken

Attribut	Definition
AUSSEHEN	
Farbe (Haut)	Intensität der Farbe der Oberfläche (Haut)
Farbe (Fruchtfleisch)	Intensität der Farbe im Inneren (Fruchtfleisch)
GERUCH/FLAVOUR	
Allgemein	Gesamtintensität, ortho- und retronasal wahrgenommener Eindrücke die man mit frischen Essiggurken assoziiert
Essigartig	Geruch/Flavour assoziiert mit Essigsäure

Attribut	Definition
Würzig	Geruch/Flavour assoziiert mit aromatischen Gewürzen, die dem Produkt zugesetzt wurden (Muskatnuss, Anis, Kümmel, Zimt, etc.); andere Gewürze als schwarzer Pfeffer
Dill	Geruch/Flavour assoziiert mit Dill (Gurkenkraut)
Fermentierte Produkte	Geruch/Flavour assoziiert mit milchsauervergorenen Lebensmittel (Sauerkraut, Essiggurken,...)
GESCHMACK	
Bitter	Grundgeschmack assoziiert mit Koffeinlösungen
Salzig	Grundgeschmack assoziiert mit NaCl-Lösungen
Sauer	Grundgeschmack assoziiert mit Zitronensäurelösungen
Süß	Grundgeschmack assoziiert mit Saccharoselösungen
Umami	Grundgeschmack assoziiert mit Mononatriumglutamat-Lösungen
TEXTUR/MUNDGEFÜHL	
Festigkeit (mit Fingern)	Benötigte Kraft, um die Probe mit den Fingern zusammenzudrücken
Festigkeit (oral)	Kraft die angewendet werden muss, um die Probe mit den Schneidezähnen durchzubeißen
Saftigkeit (mit Fingern)	Probe zwischen den Zeigefingern halten und Beurteilen der Menge an Nässe/Saftigkeit, die bei leichtem Drücken aus der Probe austritt
Saftigkeit (oral)	Menge an ausgedrückter Flüssigkeit während des Kauens
Knackigkeit (oral)	Kau-Anzahl solange die Probe noch ein knackiges Geräusch macht (wie bei frischem Gemüse)

Attribut	Definition
Beißend/brennend	Beißender, brennender Eindruck auf der Zunge und Mundoberflächen auch nach Entfernen des Reizes; ausgelöst durch Nervus Trigeminus
Adstringierend	Eindruck einer zusammenziehenden oder kribbelnden Empfindung auf den Oberflächen und/oder Seiten von Zunge und Mund, assoziiert mit Tanninen (z.B. Eindruck nach dem Trinken von schwarzem Tee)
NACHGESCHMACK	
Allgemeiner Nachgeschmack	Intensität des allgemeinen Nachgeschmacks (30 Sekunden nach dem Schlucken)

eigene Darstellung; Literaturquellen: JOHANNINGSMEIER et al. 2002, MAJCHRZAK 2016, PEVICHAROVA und VELKOV 2009, ROSENBERG 2013

3.8.4 Hülsenfrüchte und Ölsamen

Als Hülsenfrüchte oder Leguminosen bezeichnet man die reifen, getrockneten Samen aus den Hülsen verschiedener Schmetterlingsblütler (*Papilionoideae, Faboideae*). Als Lebensmittel verwendete Spezies können in die Arten *Vicia* sp. (Wicken), zu denen die Erbse, Linse, Kichererbse, Pferdebohne (*Vicia faba major*) zählen und in *Phaseolus* sp. (Bohnen), zu der alle gängigen Bohnenarten gehören, unterteilt werden. Zur Haltbarmachung werden die verschiedenen Samen meist getrocknet und können nach dem Quellen in Wasser erhitzt verzehrt werden. Dank der Erhitzung werden das schlecht verdauliche Leguminoseneiweiß sowie toxisch wirkende Enzyme (z. B. Urease) umgewandelt und das Produkt wird leichter verträglich (EBERMANN und ELMADFA 2011). Hülsenfrüchte spielen in der Gruppe der Gemüse eine besondere Rolle, da sie im Vergleich zu anderen Gemüsesorten einen hohen Protein- und auch Fettgehalt (z.B. Sojabohne) aufweisen.

3.8.4.1 Erbsen

Die Erbse, *Pisum sativum*, gehört zu den ältesten kultivierten Gemüsearten aus der Familie der Hülsenfrüchte. Die heute wichtigste Unterart ist *Pisum sativum L. subsp. sativum*, ist durch Zucht aus der Unterart *Pisum sativum subsp. Elatius,* einer Wildform entstanden. Grüne, unreife, rohe Erbsen bestehen mit 70-80% zum überwiegenden Teil aus Wasser. Der Trockenmasseanteil beträgt 18-20% und setzt sich aus 5-8% Protein, 10-15% Kohlenhydraten, 0.5% Fett und 1% Mineralstoffe zusammen (SOUCI et al. 2008). Bei der sensorischen Beurteilung von Erbsen zeigte sich klar, dass Tiefkühllagerung sowie Sterlisierung in Gemüsekonserven einen wesentlichen Einfluss auf die Farbintensität hat. Werden Erbsen tiefgefroren, konnte beobachtet werden, dass Chlorophyll, das für die grüne Farbe von Lebensmitteln verantwortlich ist, kaum verändert wird. Findet die Lagerung jedoch unter mangelhaften Bedingungen statt, kann dies zu einer Farbveränderung führen, da sich Chlorophyll zu Phäophytin umwandelt und so aus Blaugrün ein Olivgrün entsteht (HERMANN 1996). Diese Entwicklung kann sich auch bei hitzesterilisierten Erbsen zeigen, wenn es während der Lagerung zu Temperaturfehlern kommt. Werden Dosenerbsen bei 38°C gelagert, so verschlechtert sich die sensorische Qualität viel schneller, als bei niedrigeren Temperaturen, die idealerweise unter 20°C liegen sollen (LEE 1989). Durch die Zugabe von Ascorbinsäure intensivieren sich zum einen die positiven sensorischen Eigenschaften wie „süß" und „knackig", zum anderen können jedoch auch negative Charakteristika wie „muffig" verstärkt auftreten. Hinsichtlich des Geschmacksprofils wurde beobachtet, dass der süße Geschmack bei Dosen- und Tiefkühl-Erbsen am als intensivsten und gleichzeitig der bittere Geschmack als am geringsten wahrgenommen wurde. Betrachtet man die Textur Eigenschaften, zeigt sich ein Zusammenhang zwischen den Attributen Saftigkeit und Mehligkeit. Die Saftigkeit scheint bei Tiefkühl-Erbsen am stärksten ausgeprägt zu sein und gleichzeitig die Mehligkeit am niedrigsten (KÖLBL 2010).

Tab 24. Attribute inklusive Definitionen zur sensorischen Evaluierung von Erbsen (frisch, Tiefkühl, Dosen, Glas)

Attribut	Definition
AUSSEHEN	
Grüne Farbe	Intensität des grünen Farbtons der Probe
Gleichmäßigkeit der Farbe	Gleichmäßigkeit der Verteilung der Farbe (nicht fleckig)
Größe	Visuelle Evaluation der Größe der Erbsen
Rundheit	Visuelle Evaluation der Rundheit der Erbsen
Glanz der Oberfläche	Ausmaß der Lichtreflexion an der Produktoberfläche
GERUCH/FLAVOUR	
Frische Erbse	Geruch/Flavour assoziiert mit grünen Erbsenschoten und rohen grünen Bohnen
Bohnenartig	Geruch/Flavour assoziiert mit Bohnen/Bohnenprodukten
Stärkeartig	Geruch/Flavour assoziiert mit stärkehaltigen Gemüsesorten wie Erbsen, Bohnen, Kürbis
Grasig	Geruch/Flavour assoziiert mit frisch gemähtem Gras
Süßlich	Geruch/Flavour assoziiert mit verschiedenen süßen Substanzen
Erdig/Muffig	Geruch/Flavour assoziiert mit feuchter Erde und Humus
Metallisch	Geruch/Flavour assoziiert mit einer wässrigen Eisensulfat-Lösung (Metalldosen, Münzen)
GRUNDGESCHMACK	
Bitter	Grundgeschmack assoziiert mit Koffeinlösungen

Attribut	Definition
Salzig	Grundgeschmack assoziiert mit NaCl-Lösungen
Sauer	Grundgeschmack assoziiert mit Zitronensäurelösungen
Süß	Grundgeschmack assoziiert mit Saccharoselösungen
TEXTUR/MUNDGEFÜHL	
Dicke der Haut	Gefühlte Dicke der Haut zwischen Zunge und Gaumen
Glattheit	Oberflächenglätte der Erbsen ohne Unebenheiten, die mit der Zunge fühlbar ist, ohne die zugeführten Erbsen zu zerbeißen
Festigkeit (mit Gabel)	Benötigte Kraft, um die Probe mit einer Gabel zu zerdrücken
Festigkeit (oral)	Notwendige Kraft um das Produkt zwischen Zunge und Gaumen zusammen zu drücken
Knackigkeit	Beschreibt das Geräusch, das Knacken, das während dem ersten Bissen zu hören ist. Kau-Anzahl solange die Probe noch ein knackiges Geräusch macht
Saftigkeit	Flüssigkeitsmenge, die während der ersten beiden Bisse von der Probe abgegeben wird
Mehligkeit	Wahrnehmung von feinen, weichen, etwas runden und glatten Teilchen, gleichmäßig verteilt im Gesamtprodukt
Adstringierend	Eindruck einer zusammenziehenden oder kribbelnden Empfindung auf den Oberflächen und/oder Seiten von Zunge und Mund, assoziiert mit Tanninen (z.B. Eindruck nach dem Trinken von schwarzem Tee)
NACHGESCHMACK	
Allgemeiner Nachgeschmack	Intensität des allgemeinen Nachgeschmacks (30 Sekunden nach dem Schlucken)

eigene Darstellung; Literaturquellen: BERGER et al. 2007, KÖLBL 2010, PERIAGO et al. 1996b, WIENBERG und MARTENS 2000

3.8.4.2 Sojabohne

Die Sojabohne (*Glycine max = Soja hispida*) zählt zu den Hülsenfrüchten und wurde in Asien schon seit Jahrhunderten kultiviert, in westlichen Ländern wurde die Kultur aber erst nach 1920 begonnen (EBERMANN und ELMADFA 2011). Heute ist sie über die ganze Welt verteilt. Ihre vielfältigen Verarbeitungs- und Einsatzmöglichkeiten ließen sie weltweit zu der wichtigsten Wirtschaftspflanze werden. Aus der Sojabohne werden zahlreiche Veredlungsprodukte hergestellt. Durch Pressen der Bohnen wird z.B. das einfache Sojaöl gewonnen, das auch zu Brat-, Back- und Streichfetten verarbeitet wird. Die Sojabohne enthält die essentielle, d.h. lebensnotwendige, unabdingbaren Fettsäure Linolsäure. Als Abfallprodukt bei der Ölgewinnung entsteht Lecithin (Sojalecithin) das in der Lebensmittelindustrie als Emulgator verwendet wird. Der beim Pressen anfallende Presskuchen dient einerseits zur Herstellung von Tofu, als auch von Miso, einer salzigen Paste aus Sojabohnen, die Grundlage für Suppen und Saucen ist. Aus Sojabohnen lassen sich sowohl Fleischersatzprodukte wie Sojawürstchen (auf Grundlage von TVP, en.: textured vegetable protein) als auch andere Sojaeiweiß-Produkte wie Sojaflocken, Sojamilch, Sojamehl, Sojajoghurt, Sojasaucen, Sojacreme und Sojateigwaren produzieren. Geröstete Sojabohnen dienen als Grundlage von diätetischen Lebensmitteln, Kaffee-Ersatz, Keksen, Knabbererzeugnissen, Sojanussbutter, Sojanüssen oder Süßwaren (GERDE und WHITE 2008). Reife, getrocknete Sojabohnen gelten als sehr eiweiß- und fettreich. Sie setzen sich zusammen aus Wasser (8,5 %), Protein (36,5%), Kohlenhydrate (30%), Fett (20%), Ballaststoffe (9,3%) sowie Mineralstoffen/ Spurenelementen (Eisen, Zink, Kupfer, Mangan und Selen) und Vitaminen (Vitamin B-Komplex und Vitamin E) (EBERMANN und ELMADFA 2011). Aufgrund der postulierten gesundheitsfördernden Eigenschaften von Sojabohnen und der aus ihnen hergestellten Produkten, ist sowohl ihr Marktanteil als auch die Wahrnehmung durch den Kunden in den letzten Jahrzehnten in Europa stark angestiegen. Viele Sojaprodukte haben ihren fixen Platz als Ersatz von traditionellen westlichen Nahrungsmitteln (z.B. Tofu anstelle von Fleisch oder Sojamilch statt Kuhmilch) eingenommen (N'KOUKA et al. 2004).

Tab 25. Attribute inklusive Definitionen zur sensorischen Evaluierung von Sojabohnen (gekocht)

Attribut	**Definition**
AUSSEHEN	
Farbe	Intensität der Farbe der Bohnen
Gleichmäßigkeit der Farbe	Homogenität der Farbe
Größe	Visuelle Evaluation der Größe der Bohnen
Rundheit	Visuelle Evaluation der Rundheit der Bohnen
Glanz der Oberfläche	Ausmaß der Lichtreflexion an der Produktoberfläche
GERUCH/FLAVOUR	
Rohe Bohne	Geruch/Flavour assoziiert mit rohen Sojabohnen/Hülsenfrüchten
Gekochte Bohne	Geruch/Flavour assoziiert mit gekochten Sojabohnen/ Hülsenfrüchten
Grün	Geruch/Flavour assoziiert mit frisch gemähtem Gras
Fruchtig	Geruch/Flavour assoziiert mit Apfel, Birne
Nussig	Geruch/Flavour assoziiert mit verschiedenen Nüssen

Attribut	Definition
Brüheartig	Geruch/Flavour assoziiert mit gekochtem Fleisch, Suppe, Brühe
Schwefelartig	Geruch/Flavour assoziiert mit gekochten Eiern
Metallisch	Geruch/Flavour assoziiert mit einer wässrigen Eisensulfat-Lösung (Metalldosen, Münzen)
GRUNDGESCHMACK	
Bitter	Grundgeschmack assoziiert mit Koffeinlösungen
Salzig	Grundgeschmack assoziiert mit NaCl-Lösungen
Sauer	Grundgeschmack assoziiert mit Zitronensäurelösungen
Süß	Grundgeschmack assoziiert mit Saccharoselösungen
Umami	Grundgeschmack assoziiert mit Mononatriumglutamat-Lösungen
TEXTUR/MUNDGEFÜHL	
Dicke der Haut	Gefühlte Dicke der Haut zwischen Zunge und Gaumen
Glattheit	Oberflächenglätte der Sojabohne ohne Unebenheiten, die mit der Zunge fühlbar ist, ohne das Produkt zu zerbeißen
Festigkeit (mit Gabel)	Benötigte Kraft, um die Probe mit einer Gabel zu zerdrücken
Festigkeit (oral)	Notwendige Kraft um das Produkt zwischen Zunge und Gaumen zusammenzudrücken
Knackigkeit	Beschreibt das Geräusch, das Knacken, das während dem ersten Bissen zu hören ist. Kau-Anzahl solange die Probe noch ein knackiges Geräusch macht
Saftigkeit	Flüssigkeitsmenge, die während der ersten beiden Bisse von der Probe abgegeben wird
Mehligkeit	Wahrnehmung von feinen, weichen, etwas runden und glatten Teilchen, gleichmäßig verteilt im Gesamtprodukt
Adstringierend	Eindruck einer zusammenziehenden oder kribbelnden Empfindung auf den Oberflächen und/oder Seiten von Zunge und Mund, assoziiert mit Tanninen (z.B. Eindruck nach dem Trinken von schwarzem Tee)
NACHGESCHMACK	
Allgemeiner Nachgeschmack	Intensität des allgemeinen Nachgeschmacks (30 Sekunden nach dem Schlucken)

eigene Darstellung; Literaturquellen: GERDE und WHITE 2008, KRINSKY et al. 2006

3.8.4.3 Sojamilch

Sojamilch ist ein wässriger Sojabohnenextrakt, der als Ersatzmilchpräparat eingesetzt wird. Hierbei greifen vor allem vegan lebende Menschen oder jene mit Laktoseintoleranz als Alternative zu Kuhmilch oft auf Sojaprodukte zurück, wobei der Eiweißgehalt dem der Kuhmilch (3-4%) ähnelt (EBERMANN und ELMADFA 2011). Trotz seiner gesundheitlichen Vorzüge wird Sojamilch in der westlichen Welt oft als unangenehm im Geschmack empfunden, was sich insbesondere auf Off-Flavours wie „bitter", „bohnenartig" und „ranzig" zurückführen lässt (MA et al. 2015). Verantwortlich für die Entstehung von olfaktorischen Eindrücken wie „bohnenartig" und „grasig" zeigt sich eine Mischung aus Aldehyden, Alkoholen, Ketonen und Furanen, während die Attribute wie „bitter" und „adstringierend" durch Phenolsäure, Isoflavone, Saponine, Tetrol und andere Substanzen verursacht werden können. Für die Entwicklung von Off-Flavour sind hauptsächlich, auf Grund der Lipoxygenase Aktivität, die oxidativen Vorgänge der ungesättigten Fettsäuren verantwortlich (MA et al. 2015). Die sensorische Untersuchung von Sojamilch zeigte, dass sich durch das Entfernen der in der Sojabohne enthaltenen Lipoxygenasen die Intensität der negativ empfundenen Flavourattribute „bohnenartig" und „grün" reduziert, während sich positive Eigenschaften wie „süß" und „frisch" verstärkt werden (YANG et al. 2015).

Tab 26. Attribute inklusive Definitionen zur sensorischen Evaluierung von Sojamilch

Attribut	**Definition**
AUSSEHEN	
Farbe	Intensität der Farbe
Viskosität (optisch)	Ausmaß des Fließwiderstandes; evaluiert an der Fließgeschwindigkeit der Probe während des Gießens von einem Teelöffel
GERUCH/FLAVOUR	
Rohe Sojabohne	Geruch/Flavour assoziiert mit rohen Sojabohnen
Grün/Erbsenschote	Geruch/Flavour assoziiert mit rohen grünen Bohnen oder Erbsenschoten
Fruchtig	Geruch/Flavour assoziiert mit verschiedenen Früchten
Geröstet	Geruch/Flavour assoziiert mit süßen, gerösteten Sojabohnen
Getreideartig	Geruch/Flavour assoziiert mit gemahlenen und gerösteten Getreidekörnern
Hafer	Geruch/Flavour assoziiert mit Haferprodukten
Weizen	Geruch/Flavour assoziiert mit Weizenkörnern

Attribut	Definition
Karamell	Geruch/Flavour assoziiert mit Karamell
Stärkeartig	Geruch/Flavour assoziiert mit gekochten Kartoffeln
Mandel	Geruch/Flavour assoziiert mit Mandeln
Melasse	Geruch/Flavour assoziiert mit Melasse
Milchpulver	Geruch/Flavour assoziiert mit rekonstruiertem Milchpulver
Nussig	Geruch/Flavour assoziiert mit Nüssen
Ölig	Geruch/Flavour assoziiert mit frisch verarbeitetem Sojabohnen-Öl
Süßlich	Geruch/Flavour assoziiert mit verschiedenen süßen Substanzen
Vanille/Vanillin	Geruch/Flavour assoziiert mit natürlicher oder unnatürlicher Vanille
Kartonartig	Geruch/Flavour assoziiert mit Karton oder Papier
Ranzig	Geruch/Flavour assoziiert mit oxidierten Fetten
Wachsartig	Geruch/Flavour assoziiert mit Wachskerzen
GRUNDGESCHMACK	
Bitter	Grundgeschmack assoziiert mit Koffeinlösungen
Salzig	Grundgeschmack assoziiert mit NaCl-Lösungen
Sauer	Grundgeschmack assoziiert mit Zitronensäurelösungen
Süß	Grundgeschmack assoziiert mit Saccharoselösungen
Umami	Grundgeschmack assoziiert mit Mononatriumglutamat-Lösungen
MUNDGEFÜHL	
Viskosität (oral)	Fließfähigkeit im Mund; notwendige Kraft beim Einsaugen des Produktes vom Löffel zwischen die Lippen
Mundbelag	Ausmaß des Belages bzw. Films auf Zunge, Lippen und Gaumen (im Mund)

Attribut	Definition
Adstringierend	Eindruck einer zusammenziehenden oder kribbelnden Empfindung auf den Oberflächen und/oder Seiten von Zunge und Mund, assoziiert mit Tanninen (z.B. Eindruck nach dem Trinken von schwarzem Tee)
Glattheit	Beurteilen des Vorhandenseins von Partikeln im Mund; Produkt ohne spürbare Partikel
Beißend/Brennend	Beißender, brennender Eindruck auf der Zunge und Mundoberflächen auch nach Entfernen des Reizes; ausgelöst durch Nervus Trigeminus
Trocken/Schleifend	Eindruck wahrgenommen als schleifend/trocken wenn man mit der Zunge über die Zahnrückseite reibt
NACHGESCHMACK	
Allgemeiner Nachgeschmack	Intensität des allgemeinen Nachgeschmacks (30 Sekunden nach dem Schlucken)

eigene Darstellung; Literaturquellen: CHAMBERS et al. 2006, MA et al. 2015, N'KOUKA et al. 2004, TORRES-PENARANDA und REITMEIER 2001, YANG et al. 2016

3.9 Früchte

3.9.1 Kernobst

3.9.1.1 Apfel

Bei Äpfeln handelt es sich um Früchte des Apfelbaumes, um Kernobstgewächse aus der Familie der Rosengewächse (*Rosaceae*). Diese Frucht ist eine Sammelbalgfrucht, wobei eine der bedeutendsten Arten der Kulturapfel (*Malus domestica*) darstellt (BELITZ et al. 2008). In Äpfeln konnten mehr als 300 verschiedene flüchtige Komponenten gefunden werden, obwohl nur einige von ihnen ein wichtiges Kriterium zur Beurteilung der Qualität von Äpfeln darstellen (DIXON und HEWETT, 2002). Apfelaroma entsteht durch eine komplexe Mischung aus Alkoholen, Aldehyden, veresterten Säuren, Estragol und Terpenen. Von diesen Bestandteilen sind aber nur 20 – 40 direkt mit dem charakteristischen Apfelaroma assoziiert, wobei die Hauptkomponenten Hexanal, Hexanol, Butylacetat, Hexylacetat, Ethyl-2-methylbutanoat, Butyl-, Hexyl-, und 3-Methylbutylhexanoat, Ethyl-, Propyl- und Hexylbutanoate sowie β-Damascenon sind (VANOLI et al. 1995). Für die Entstehung von Aromastoffen in Äpfeln ist der Erntezeitpunkt von großer Bedeutung. Bei einer Ernte vor Eintritt der Pflückreife muss man mit einer verminderten und später einsetzenden Synthese des Aromas rechnen (SONG und

BANGERTH 1996), da während des Rötungs- und Reifungsprozesses vor der Ernte der Äpfel auch die Aromastoffe gebildet werden (LO SCALZO et al. 2001). In nachreifenden Früchten, zu denen Äpfel zählen, kommt es zudem nach dem respiratorischen Klimakterium zur Anreicherung der flüchtigen Inhaltsstoffe, ihr Gehalt während der weiteren Lagerung nimmt aber wieder ab. Somit ebenso ausschlaggebend auf das Aroma von Äpfel ist ihre Lagerung. Es konnte beobachtet werden, dass Äpfel, die bei 1°C unter kontrollierter Atmosphäre mit 1,5% O2 und 1,5% CO2 gelagert wurden, weniger flüchtige Substanzen produzierten, als herkömmlich aufbewahrte (GIRARD und LAU 1995).

Tab 27. Attribute inklusive Definitionen zur sensorischen Evaluierung von verschiedenen Apfelsorten

Attribut	**Definition**
AUSSEHEN	
Gelbe Farbe der Schale	Intensität der gelben Farbe
Grüne Farbe der Schale	Intensität der grünen Farbe
Rote Farbe der Schale	Intensität der roten Farbe
Braune Farbe der Schale	Intensität der braunen Farbe
Form	Die übliche, produktspezifische Form
Flecken/Fehlstellen an der Schale	Auftreten von Punkten, Flecken, Fehlstellen an der Produktoberfläche
Glanz	Ausmaß der Lichtreflexion an der Produktoberfläche
Glattheit	Glattheit der Oberfläche, ohne Unebenheiten bzw. Unregelmäßigkeiten
Farbe des Fruchtfleisches	Visuelle Beurteilung der Fruchtfleischfarbe
GERUCH/FLAVOUR	
Fruchtig	Geruch/Flavour assoziiert verschiedenen frischen Früchten
Grün/unreif	Geruch/Flavour assoziiert mit grünen und unreifen Früchten
Trockenfrüchte	Geruch/Flavour assoziiert mit getrockneten Früchten wie Feigen, Rosinen
Überreif	Geruch/Flavour assoziiert mit überreifen, vergorenen Früchten
Verkocht	Geruch/Flavour assoziiert mit erwärmten, angebräunten Früchten
Röstaromen	Geruch/Flavour assoziiert mit Kakao, Schokolade und gerösteten Nüssen

Attribut	Definition
Blumig	Geruch/Flavour assoziiert mit verschiedenen Blumen
Honig	Geruch/Flavour assoziiert mit Honig
Kräuter	Geruch/Flavour assoziiert mit frischen Kräutern wie Basilikum, Kraut, Sellerieblätter
Grasig	Geruch/Flavour assoziiert mit frisch gemähtem Gras
Gewürze	Geruch/Flavour assoziiert mit Nelken, Zimt, Anis
Vanille	Geruch/Flavour assoziiert mit echter Bourbonvanille
Wachsartig	Geruch/Flavour assoziiert mit Wachskerzen
Holzig	Geruch/Flavour assoziiert mit Holz, Stroh
Stärke-ähnlich	Geruch/Flavour assoziiert mit Kartoffeln
Muffig/Erdig	Geruch/Flavour assoziiert mit feuchter Erde, Humus
Ranzig	Geruch/Flavour assoziiert mit oxidierten Fetten
GESCHMACK	
Bitter	Grundgeschmack assoziiert mit Koffeinlösungen
Salzig	Grundgeschmack assoziiert mit NaCl-Lösungen
Sauer	Grundgeschmack assoziiert mit Zitronensäurelösungen
Süß	Grundgeschmack assoziiert mit Saccharoselösungen
TEXTUR/MUNDGEFÜHL	
Festigkeit (mit Gabel)	Kraft die aufgewandt werden muss um mit dem Messer in einen halbierten Apfel einzustechen
Festigkeit (oral)	Notwendige Kraft um das Produkt zwischen Zunge und Gaumen zusammen zu drücken
Rauheit	Menge an Oberflächen-Unregelmäßigkeiten, evaluiert durch ein Reiben der Probe über die Lippen
Kaubarkeit	Erforderliche Anzahl an Kaubewegungen, um die Probe in einen schluckbaren Zustand zu bringen
Knackigkeit	Das beim Reinbeißen mit den Vorderzähnen in den Apfel entstehende Geräusch
Gummiartigkeit	Grad in wieweit sich die Probe beim Kauen im Mund verformt
Saftigkeit	Wahrgenommene Flüssigkeit, die vom Produkt während der ersten 3 Bissen freigesetzt wird

Attribut	Definition
Faserigkeit	Menge an Fruchtfleisch, dass während des Kauens in faserige Bruchstücke/Teilchen zerfällt
Körnigkeit	Anzahl/Größe der Bruchstücke/Teilchen während des Kauens
Mehligkeit	Wahrnehmung von feinen, weichen, etwas runden und glatten Teilchen, gleichmäßig verteilt im Gesamtprodukt
Pudrigkeit	Menge an kleinen, feinen Partikeln, wahrnehmbar durch sanftes Gleitenlassen der Probe über die Lippen, erinnert an Samt
Seifig	Seifiger Eindruck auf der Zungenoberfläche
Fettig-Wachsartig	Wahrgenommener fettig/wachsartiger Rückstand auf den Lippen beim Abbeißen vom Produkt
Beißend/Brennend	Beißender, brennender Eindruck auf der Zunge und Mundoberflächen auch nach Entfernen des Reizes; ausgelöst durch Nervus Trigeminus
Adstringierend	Eindruck einer zusammenziehenden oder kribbelnden Empfindung auf den Oberflächen und/oder Seiten von Zunge und Mund, assoziiert mit Tanninen (z.B. Eindruck nach dem Trinken von schwarzem Tee)
NACHGESCHMACK	
Allgemeiner Nachgeschmack	Intensität des allgemeinen Nachgeschmacks (30 Sekunden nach dem Schlucken)

eigene Darstellung; Literaturquellen: APREA et al. 2012, CLIFF et al. 1998, COROLLARO et al. 2014, DAILLANT-SPINNLER et al. 1996, KARLSEN et al. 1999, WILLIAMS und CARTER 1977

3.9.2 Obst- und Beeren-Säfte, -Nektare, - Sirupe

3.9.2.1 Apfelsaft

Apfelsaft zählt zu den beliebtesten Fruchtsäften in den westlichen Ländern, was sich auf seine besonderen sensorischen Eigenschaften zurückführen lässt. Zur Herstellung von Apfelsaft werden die Äpfel nach der Anlieferung zunächst gewaschen und zu Maische gemahlen, die anschließend gepresst wird. Zum Schutz vor Oxidation und zur Stabilisierung des Trubes wird L-Ascorbinsäure zugesetzt (MAJCHRZAK und BINDER 2009). Bei der Herstellung wird durch Pressen der pflanzliche Zellverband zerstört, wodurch es zum Ablaufen enzymatischer Prozesse oxidativer und hydrolytischer Art kommt. So werden Hexanal und (*E*)-2-Hexenal gebildet, wobei letzteres im Apfel selbst nur in geringen Mengen vorkommt. Der Gehalt dieser beiden Substanzen erhöht sich nach dem Pressen um ein vielfaches der ursprünglichen Konzentration. Insgesamt wurden in Apfelsäften 23 flüchtige Komponenten gefunden, davon 15, die für den Geruch/Flavour verantwortlich sind. Sie können in 6 Gruppen unterteilt werden: Ester, Aldehyde, Alkohole, Kohlenwasserstoffe, Säuren und Phenole. Ester und Alkohole, die die Abbauprodukte von Fettsäuren sind, machen den größten Teil aus (KOMTHONG et al. 2007). Jede Gruppe dieser chemischen Verbindungen ist für verschiedene Geruchs/Flavour Noten verantwortlich. Aromastoffe, die als in Apfelsaft erwünscht gelten, sind Butyl-, Pentyl-, Isopentyl- und Hexylacetat sowie Ethylbutanoat, (*E*)-2-Hexenal, Hexanal, Benzaldehyd und Hexanol. Ethylbutanoat ist z.B. für die Fruchtigkeit und Butylacetat für apfelartige Noten zuständig. Pentyl- und Hexylacetat machen den süßen Geschmack aus, Hexanal ist für „grün" und „grasig" verantwortlich und Essigsäure wirkt „sauer" und „beißend" (KOMTHONG et al. 2007).

Tab 28. Attribute inklusive Definitionen zur sensorischen Evaluierung von Apfelsaft

Attribut	**Definition**
AUSSEHEN	
Farbe	Intensität der Farbe
Trübheit	Intensität der Lichtdurchlässigkeit oder Lichtstreuung
Optische Viskosität	Fließfähigkeit des Saftes auf der Glasinnenseite
Optischer Fruchtanteil	Visuelle Anzahl an Fruchtpartikel im Saft
GERUCH/FLAVOUR	
Apfelartig	Geruch/Flavour assoziiert mit frischen Äpfeln
Fruchtig	Geruch/Flavour assoziiert mit verschiedenen Obstarten
Grün/unreif	Geruch/Flavour assoziiert mit unreifen Früchten
Grasig	Geruch/Flavour assoziiert mit frisch gemähtem Gras
Blumig	Geruch/Flavour assoziiert mit verschiedenen Blumen
Honig	Geruch/Flavour assoziiert mit Honig
Karamell	Geruch/Flavour assoziiert mit Karamell
Muffig	Geruch/Flavour assoziiert mit feuchter Erde, Humus
Vergoren/ Fermentiert	Geruch/Flavour assoziiert mit überreifen, vergorenen Früchten
GESCHMACK	
Bitter	Grundgeschmack assoziiert mit Koffeinlösungen
Sauer	Grundgeschmack assoziiert mit Zitronensäurelösungen
Süß	Grundgeschmack assoziiert mit Saccharoselösungen

Attribut	Definition
TEXTUR/MUNDGEFÜHL	
Viskosität	Fließfähigkeit des Saftes im Mund
Fruchtfleischanteil	Wahrnehmung von Fruchtteilchen im Mund
Körper	Dichte oder Druck gegen die Zunge; ein kräftiges, volles Mundgefühl
Erfrischend	Chemesthetischer Eindruck von Frische in der Mundhöhle (bsp. Eukalyptus Öl)
Mundbelag	Ausmaß des Belages bzw. Films auf Zunge, Lippen und Gaumen (im Mund)
Beißend/Brennend	Beißender, brennender Eindruck auf der Zunge und Mundoberflächen auch nach Entfernen des Reizes; ausgelöst durch Nervus Trigeminus
Adstringierend	Eindruck einer zusammenziehenden oder kribbelnden Empfindung auf den Oberflächen und/oder Seiten von Zunge und Mund, assoziiert mit Tanninen (z.B. Eindruck nach dem Trinken von schwarzem Tee)
NACHGESCHMACK	
Allgemeiner Nachgeschmack	Intensität des allgemeinen Nachgeschmacks (30 Sekunden nach dem Schlucken)

eigene Darstellung; Literaturquellen: HEIKEFELT 2011, JANUSZEWSKA et al. 2011, 2012 und 2013, KOMTHONG et al. 2007, KOMTHONG et al. 2006, MAJCHRZAK und BINDER 2009, OKAYASU und NAITO 2001

3.9.2.2 Orangensaft

Orangensaft, weltweit der meistkonsumierte Saft, ist ein Fruchtsaft, der durch Auspressen von Orangen entsteht. Handelsübliche Orangensäfte werden aus Konzentrat oder als Direktsaft produziert. Bei der Herstellung von Orangensaft aus Konzentrat wird der Saft im Erzeugerland frisch gepresst und durch Destillation sowie Filtration in Fraktionen getrennt, um so die leicht flüchtigen Aromen aus dem Saft zu extrahieren. Im Anschluss wird der Orangensaft auf ein Siebtel des Gewichts eingedampft. Die zuvor extrahierten Aromen werden dem Orangensaft nach dem Transport im Verbraucherland wieder beigefügt und unter Verwendung von Wasser zu Orangensaft aus Konzentrat rekombiniert. In geringem Umfang wird nicht-fraktionierter Saft nach der Pasteurisation als Direktsaft vermarktet. Sowohl Orangensaft aus Konzentrat als auch Direktsaft zeigen deutliche Aromaunterschiede zu frischen, handgepressten Säften.

Für typischen Geschmack und Geruch/Flavour von Orangensaft konnten rund 15 verschiedene flüchtige Substanzen identifiziert werden. Säfte aus industrieller Pressung weisen höhere Konzentrationen der Terpenenkohlenwasserstoffe Pinen, Myrcen, Limonen, der Aldehyde Octanal, Nonanal und Decanal sowie Linalool als frisch-gepresste Säfte auf, bei denen jedoch die Konzentrationen an Estern vergleichsweise höher sind. Bei industrieller Pressung führt die Abtrennung der Pulpa (Fruchtfleisch) zur Abnahme nahezu aller Saftaromastoffe, insbesondere aber der Terpenkohlenwasserstoffe (SCHIEBERLE und HOFMANN, 2001). Zum Aroma von Orangensaft trägt mengenmäßig am meisten Limonen bei, jedoch nicht zur Aromaqualität allgemein (ELSS et al. 2007, EISINGER und MAJCHRZAK 2010). Darüber hinaus spielen neben Citral, Linalool, α-Pinen, Acetaldehyd, Octanal und Ethylbutanoat (JIA et al. 1999, JORDÁN et al. 2003, SHAW et al. 2000, EISINGER und MAJCHRZAK 2010) auch 2-Methylbutanoat (JIA et al. 1999, EISINGER und MAJCHRZAK 2010), Hexanal, Decanal (JORDÁN et al. 2003, EISINGER und MAJCHRZAK 2010), 4-Terpeniol, Octanol, Sabinen, Myrcen und Valencen eine wesentliche Rolle bei der Entstehung des Aromas von Orangensaft (JIA et al. 1999, SHAW et al. 2000, TØNDER et al. 1998, EISINGER und MAJCHRZAK 2010). Die Lagertemperatur von handelsüblichen Orangensaft scheint auch Einfluss auf die Zusammensetzung des Aromaprofils zu haben. Beobachtungen zeigten, dass die sensorische Qualität des Saftes, bei einer 5-tägigen Lagerung bei 40°C oder 50°C vergleichbar mit jener bei einer Lagerung von 20°C für drei und sechs Monate war. Durch gaschromatographische Analyse konnte eine Abnahme der Konzentration von Octanal, Decanal, Linalool und α-Pinen sowie eine Zunahme von α-Terpineol und 2-Methyl-3-buten-2-ol mit höherer Lagertemperatur beobachtet werden (PETERSEN et al. 1996).

Tab 29. Attribute inklusive Definitionen zur sensorischen Evaluierung von Orangensaft (frisch gepresst und verarbeitet)

Attribut	**Definition**
AUSSEHEN	
Farbe	Intensität der Farbe
Trübheit	Intensität der Lichtdurchlässigkeit oder Lichtstreuung
Optische Viskosität	Fließfähigkeit des Saftes auf der Glasinnenseite
Optischer Fruchtanteil	Optische Wahrnehmung von Fruchtteilchen
GERUCH/FLAVOUR	
Frische Orange	Geruch/Flavour assoziiert mit frischen Orangen
Orangenschalen-Öl	Geruch/Flavour assoziiert mit Orangenschalen-Öl
Grün/unreif	Geruch/Flavour assoziiert mit unreifen Orangen

Attribut	Definition
Überreif	Geruch/Flavour assoziiert mit überreifen Orangen
Zitrusartig	Geruch/Flavour assoziiert mit einer Mischung aus Zitrusfrüchten (Zitronen, Orangen, Limetten…)
Süßlich	Geruch/Flavour assoziiert mit süßen Früchten: Beeren, Birnen, Äpfel…
Blumig	Geruch/Flavour assoziiert mit Blumen
Grasig	Geruch/Flavour assoziiert mit frisch gemähtem grünen Gras
Schimmelig/muffig	Geruch/Flavour assoziiert mit Schimmel
Erhitzt/verkocht	Geruch/Flavour assoziiert mit erhitztem Orangensaft
Medizinisch	Geruch/Flavour assoziiert mit Antiseptika oder Desinfektionsmittel
Vitaminartig	Geruch/Flavour assoziiert mit Vitaminpillen
GESCHMACK	
Bitter	Grundgeschmack assoziiert mit Koffeinlösungen
Salzig	Grundgeschmack assoziiert mit NaCl-Lösungen
Sauer	Grundgeschmack assoziiert mit Zitronensäurelösungen
Süß	Grundgeschmack assoziiert mit Saccharoselösungen
TEXTUR/MUNDGEFÜHL	
Viskosität	Fließfähigkeit des Saftes im Mund
Fruchtanteil	Wahrnehmung von Fruchtteilchen im Mund
Mundbelag	Ausmaß des Belages bzw. Films auf Zunge, Lippen und Gaumen (im Mund)
Körper	Dichte oder Druck gegen die Zunge; ein kräftiges, volles Mundgefühl

Attribut	Definition
Adstringierend	Eindruck einer zusammenziehenden oder kribbelnden Empfindung auf den Oberflächen und/oder Seiten von Zunge und Mund, assoziiert mit Tanninen (z.B. Eindruck nach dem Trinken von schwarzem Tee)
Beißend/Brennend	Beißender, brennender Eindruck auf der Zunge und Mundoberflächen auch nach Entfernen des Reizes; ausgelöst durch Nervus Trigeminus
NACHGESCHMACK	
Allgemeiner Nachgeschmack	Intensität des allgemeinen Nachgeschmacks (30 Sekunden nach dem Schlucken)

eigene Darstellung; Literaturquellen: MAJCHRZAK 2015, RUIZ PEREZ-CACHO et al. 2008

3.9.2.3 *Traubensaft*

Traubensaft wird aus frischen, reifen, nicht vergorenen Weintrauben durch Pressung hergestellt. Reine Traubensäfte werden von Hand verlesen, sorgfältig gepresst und frisch abgefüllt – ohne Konservierungsmittel. Es kommen kein Wasser, keine künstlichen Aromastoffe und keine Säuren dazu. Der einzige Zusatz ist Vitamin C, das die Bräunung des Saftes verhindert (BELITZ et al. 2008). Eine Gärung lässt sich analytisch an den Gehalten an Alkohol, flüchtiger Säure und Milchsäure erkennen. Die Beschaffenheit von nicht gegorenen Traubensäften wird im „Code of Practice" der A.I.J.N. (Association of the Industry of Juices and Nectars from Fruits an Vegetables of the European Union) durch festgelegte Kennzahlen, die nicht überschritten werden dürfen, konkretisiert. Das Aroma der Weintraube wird durch viele Komponenten beeinflusst, hierzu zählen in größeren Mengen höhere aliphatische Alkohole und deren Ester (z. B. Octanol, Hexanol, Linalool), wobei auch 2-Phenylethanol, Benzylalkohol und N-Methylanthranilsäuremethylester detektiert wurden. Ein Gemisch aus Anthocyanen, vor allem Glucoside des Malvidins (3',5'-O-Dimethyldelphinidin) und Päonidins (3'-O-Methylcyanin), gilt als farbgebend (EBERMANN und ELMDAFA, 2011).

Tab 30. Attribute inklusive Definitionen zur sensorischen Evaluierung von Traubensaft

Attribut	Definition
AUSSEHEN	
Farbe	Intensität der Farbe
Trübheit	Intensität der Lichtdurchlässigkeit oder Lichtstreuung
Optische Viskosität	Fließfähigkeit des Saftes auf der Glasinnenseite

Attribut	Definition
Optischer Fruchtanteil	Optische Wahrnehmung von Fruchtteilchen
GERUCH/FLAVOUR	
Frische Traube	Geruch/Flavour assoziiert mit frischen Trauben
Gekochte Traube	Geruch/Flavour assoziiert mit gekochten, verarbeiteten oder erhitzten Trauben
Fruchtig	Geruch/Flavour assoziiert mit verschiedenen Früchten
Grün/unreif	Geruch/Flavour assoziiert mit grünen, unreifen Früchten
Blumig	Geruch/Flavour assoziiert mit verschiedenen Blumen
Muffig	Geruch/Flavour assoziiert mit feuchter Erde, Humus
Überreif/Fermentiert	Geruch/Flavour assoziiert mit überreifen, fermentierten Früchten
Metallisch	Geruch/Flavour assoziiert mit einer wässrigen Eisen-sulfat-Lösung (Metalldosen, Münzen)
GESCHMACK	
Bitter	Grundgeschmack assoziiert mit Koffeinlösungen
Sauer	Grundgeschmack assoziiert mit Zitronensäurelösungen
Süß	Grundgeschmack assoziiert mit Saccharoselösungen
TEXTUR/MUNDGEFÜHL	
Viskosität	Fließfähigkeit des Saftes im Mund
Fruchtfleischanteil	Wahrnehmung von Fruchtteilchen im Mund
Körper	Fähigkeit des Getränkes den Mund zu füllen, Beständigkeit des Getränkes im Mund
Mundbelag	Ausmaß des Belages bzw. Films auf Zunge, Lippen und Gaumen (im Mund)
Beißend/Brennend	Beißender, brennender Eindruck auf der Zunge und Mundoberflächen auch nach Entfernen des Reizes; ausgelöst durch Nervus Trigeminus
Adstringierend	Eindruck einer zusammenziehenden oder kribbelnden Empfindung auf den Oberflächen und/oder Seiten von Zunge und Mund, assoziiert mit Tanninen (z.B. Eindruck nach dem Trinken von schwarzem Tee)

Attribut	Definition
Nachgeschmack	
Allgemeiner Nachgeschmack	Intensität des allgemeinen Nachgeschmacks (30 Sekunden nach dem Schlucken)

eigene Darstellung; Literaturquellen: MEULLENET et al. 2008

3.9.2.4 Pfirsichsaft, -nektar

Zur Herstellung von Pfirsichsaft und –nektar werden die Früchte gereinigt, zerkleinert und dann gepresst oder durch ein feines Sieb gedrückt. Wird die Frucht zu einem Nektar kommt Zucker und etwas Wasser dazu, bei Säften gibt es keine Zusätze. Durch kurzes Erhitzen direkt vor dem Abfüllen wird die Haltbarkeit gewährleistet. Um möglichst viel Geschmack/Flavour und Vitamine zu erhalten werden die Flaschen schnell wieder abgekühlt (BELITZ et al. 2008). Früchte mit Grünstich, Druckstellen oder runzliger Haut sind für die Verarbeitung nicht zu empfehlen, da sie die sensorische Qualität des Saftes negativ beeinflussen, indem sie zu fehlerhaften Flavoureigenschaften wie „grün/unreif", „muffig", „überreif/fermentiert" oder „metallisch" führen können. Durch eine zu frühe Ernte wird der Eindruck eines „grünen" bzw. „unreifen" Flavours verstärkt, während Fehler bei der Lagerung der Früchte durch Schimmelbefall und Feuchtigkeit zu einer „muffigen" sowie „vergoren/fermentierten" Note beitragen können. Im Pfirsichsaft konnten 60 Substanzen identifiziert werden, die zum Flavour beitragen, darunter Ester und Lactone, wobei nur γ-Decalacton in allen Proben gefunden werden konnte (RIU-AUMATELL et al. 2004). Cinnamaldehyd konnte in 16 Proben des Pfirsichsaftes, α-Terpineol in 13, Linalool und Limonen in 12, α-(E,E)-Farnesen und Ethyloctanoat in 11 Proben nachgewiesen werden. Geraniol wurde in 8 Proben detektiert, Hexylacetat, 2-Methylethyloctanoat und Ethyldecanoat in 7, 1-Hexanol, Octylacetat, α-(Z,E)-Farnesen und γ-Undecalacton in 6 Proben. Außerdem konnten in reifen Pfirsichen Benzaldehyd sowie Naphtalenderivate festgestellt werden (RIU-AUMATELL et al. 2004, HERRMANN 2001).

Tab 31. Attribute inklusive Definitionen zur sensorischen Evaluierung von Pfirsichsaft und -nektar

Attribut	Definition
AUSSEHEN	
Farbe	Intensität der Farbe
Trübheit	Intensität der Lichtdurchlässigkeit oder Lichtstreuung
Glanz	Ausmaß der Lichtreflexion an der Produktoberfläche
Viskosität	Fließfähigkeit des Saftes auf der Glasinnenseite
Optischer Fruchtanteil	Optische Wahrnehmung von Fruchtteilchen

Attribut	Definition
GERUCH/FLAVOUR	
Frischer Pfirsich	Geruch/Flavour assoziiert mit frischen Pfirsichen
Gekochter Pfirsich	Geruch/Flavour assoziiert mit gekochten, verarbeiteten Pfirsichen
Fruchtig	Geruch/Flavour assoziiert mit verschiedenen Früchten
Grün/unreif	Geruch/Flavour assoziiert mit grünen, unreifen Früchten
Blumig	Geruch/Flavour assoziiert mit verschiedenen Blumen
Muffig	Geruch/Flavour assoziiert mit feuchter Erde, Humus
Überreif/Fermentiert	Geruch/Flavour assoziiert mit überreifen, vergorenen Früchten
Metallisch	Geruch/Flavour assoziiert mit einer wässrigen Eisen-sulfat-Lösung (Metalldosen, Münzen)
GESCHMACK	
Bitter	Grundgeschmack assoziiert mit Koffeinlösungen
Sauer	Grundgeschmack assoziiert mit Zitronensäurelösungen
Süß	Grundgeschmack assoziiert mit Saccharoselösungen
TEXTUR/MUNDGEFÜHL	
Viskosität	Fließfähigkeit des Saftes im Mund
Fruchtfleischanteil	Wahrnehmung von Fruchtteilchen im Mund
Körper	Dichte oder Druck gegen die Zunge; ein kräftiges, volles Mundgefühl
Mundbelag	Ausmaß des Belages bzw. Films auf Zunge, Lippen und Gaumen (im Mund)
Beißend/Brennend	Beißender, brennender Eindruck auf der Zunge und Mundoberflächen auch nach Entfernen des Reizes; ausgelöst durch Nervus Trigeminus
Adstringierend	Eindruck einer zusammenziehenden oder kribbelnden Empfindung auf den Oberflächen und/oder Seiten von Zunge und Mund, assoziiert mit Tanninen (z.B. Eindruck nach dem Trinken von schwarzem Tee)

Attribut	Definition
NACHGESCHMACK	
Allgemeiner Nachgeschmack	Intensität des allgemeinen Nachgeschmacks (30 Sekunden nach dem Schlucken)

eigene Darstellung; Literaturquellen: CARDOSO und BOLINI 2008

3.9.2.5 Mandarinensaft

Unter Mandarine (*Citrus reticulata*), oft auch Tangerine genannt, versteht man sowohl eine Zitruspflanze aus der Familie der Rautengewächse als auch die orangefarbene Frucht (DUDEN 2018). Das Aroma von Mandarinen wird vorwiegend durch Terpene, unverzweigte, aliphatische Alkohole und Aldehyde sowie Oxidationsprodukte von Fettsäuren (z.B. n-Decanol) gebildet. Zu den wichtigen aromabildenden Substanzen zählen unter anderem Limonen, Myrcen, Pinen während Linalool, Geranial und Neral sowie der stark riechende N-Methyl-anthranilsäuremethylester (EBERMANN und ELMADFA 2011).

Tab 32. Attribute inklusive Definitionen zur sensorischen Evaluierung von Mandarinensaft

Attribut	Definition
AUSSEHEN	
Farbe	Intensität der Farbe
Trübheit	Intensität der Lichtdurchlässigkeit oder Lichtstreuung
Glanz	Ausmaß der Lichtreflexion an der Produktoberfläche
Viskosität	Fließfähigkeit des Saftes auf der Glasinnenseite
Optischer Fruchtanteil	Optische Wahrnehmung von Fruchtteilchen
GERUCH/FLAVOUR	
Frische Mandarine	Geruch/Flavour assoziiert mit frischen Mandarinen
Zitrusfrüchte	Geruch/Flavour assoziiert mit Zitrusfrüchten (Orange, Zitrone)
Grün/Unreif	Geruch/Flavour assoziiert mit grünen, unreifen Mandarinen
Erhitzte Mandarine	Geruch/Flavour assoziiert mit gekochten, verarbeiteten Mandarinen
Schalenöl	Geruch/Flavour assoziiert mit Ölen aus der Schale
Muffig	Geruch/Flavour assoziiert mit feuchter Erde, Humus
Überreif/Fermentiert	Geruch/Flavour assoziiert mit überreifen, fermentierten Mandarinen

Attribut	Definition
GESCHMACK	
Süß	Grundgeschmack assoziiert mit Saccharoselösungen
Sauer	Grundgeschmack assoziiert mit Zitronensäurelösungen
Bitter	Grundgeschmack assoziiert mit Koffeinlösungen
TEXTUR/MUNDGEFÜHL	
Viskosität	Fließfähigkeit des Saftes im Mund
Fruchtfleischanteil	Wahrnehmung von Fruchtteilchen im Mund
Körper	Fähigkeit des Getränkes den Mund zu füllen, Beständigkeit des Getränkes im Mund
Mundbelag	Ausmaß des Belages bzw. Films auf Zunge, Lippen und Gaumen (im Mund)
Beißend/Brennend	Beißender, brennender Eindruck auf der Zunge und Mundoberflächen auch nach Entfernen des Reizes; ausgelöst durch Nervus Trigeminus
Adstringierend	Eindruck einer zusammenziehenden oder kribbelnden Empfindung auf den Oberflächen und/oder Seiten von Zunge und Mund, assoziiert mit Tanninen (z.B. Eindruck nach dem Trinken von schwarzem Tee)
Nachgeschmack	
Allgemeiner Nachgeschmack	Intensität des allgemeinen Nachgeschmacks (30 Sekunden nach dem Schlucken)

eigene Darstellung; Literaturquellen: CARBONELL et al. 2007

3.9.3 Obst- und Beeren - Marmeladen, - Konfitüren, - Gelees

3.9.3.1 Marillenmarmelade/ Aprikosenkonfitüre

Im deutschen Sprachraum unterscheidet man grundsätzlich zwischen den beiden Begriffen „Marille“ für Österreich, die Schweiz sowie Südtirol und Bayern und „Aprikose“ für das restliche Deutschland. Bei der Herstellung von Konfitüre werden vollreife Früchte verwendet, beschädigte müssen großzügig ausgeschnitten werden. Die Verarbeitung beginnt mit dem Waschen der Früchte und dem anschließenden Passieren, wobei alle festen Bestandteile entfernt werden und eine dickflüssige Masse gewonnen wird. Beim Passieren verarbeitet man gekochtes Obst zu feinem Püree. Anschließend wird Zucker zugesetzt, in der Regel 50%, um den Mikroorganismen das lebensnotwendige Wasser zu entziehen. Konfitüren mit weniger Zucker müssen nach dem Öffnen des Glases wegen schnellerem Verderben rasch aufgebraucht werden (WURM et al. 2002). Sowohl die Qualität der frischen Früchte als auch die Art der Verarbeitung tragen zum sensorischen Profil von Marillenmarmelade bei. Für das typische Aroma der Marille zeigen sich rund 23 flüchtige Komponenten verantwortlich, wobei Ethylacetat, Hexylacetat, (E)-Hexen-2-al, ß-Cyclocitral, γ-Decalacton, 6-Methyl-5-hepten-2-on, ß-Ionon, Menthon, Linalool und Limonen die Hauptkomponenten sind (GUILLOT et al. 2006, EISINGER und MAJCHRZAK 2010). Marillenmarmelade zeigt sich sensorisch von guter Qualität, wenn eine Ausgewogenheit an Säure und Süße gegeben ist sowie ein Aroma/Flavour fruchtig und nach frischen Marillen deutlich ausgeprägt ist (VALENTINI et al. 2006).

Tab 33. Attribute inklusive Definitionen zur sensorischen Evaluierung von Marillenmarmelade/ Aprikosenkonfitüre

Attribut	**Definition**
AUSSEHEN	
Farbe	Intensität der Farbe
Glanz	Ausmaß der Lichtreflexion an der Produktoberfläche
Glattheit	Glattheit der Oberfläche, ohne Unebenheiten bzw. Unregelmäßigkeiten
Festigkeit	Beurteilung der Formstabilität, nachdem ein Löffel entnommen wurde, (stichfest: Stelle, an der der Löffel Marmelade entnommen wurde, bleibt sichtbar)
Homogenität (Löffel)	Ausmaß der Gleichmäßigkeit des Produktes; wie einheitlich ist die Fruchtmasse
GERUCH/FLAVOUR	
Frische Marille	Geruch/Flavour assoziiert mit frischen Marillen
Fruchtig	Geruch/Flavour assoziiert mit verschiedenen Früchten
Blumig	Geruch/Flavour assoziiert mit Blumen
Grün/Unreif	Geruch/Flavour assoziiert mit grünen, unreifen Marillen
Überreif/Fermentiert	Geruch/Flavour assoziiert mit überreifen, fermentierten Marillen
Erhitzt	Geruch/Flavour assoziiert mit erwärmten, angebräunten Früchten

Attribut	Definition
Muffig/Schimmelig	Geruch/Flavour assoziiert mit Schimmelwachstum
GESCHMACK	
Süß	Grundgeschmack assoziiert mit Saccharoselösungen
Sauer	Grundgeschmack assoziiert mit Zitronensäurelösungen
Bitter	Grundgeschmack assoziiert mit Koffeinlösungen
TEXTUR/MUNDGEFÜHL	
Festigkeit	Notwendige Kraft um das Produkt zwischen Zunge und Gaumen zusammen zu drücken
Homogenität	Ausmaß der Gleichmäßigkeit der Partikel im Mund
Fruchtfleischanteil	Wahrnehmung von Fruchtteilchen im Mund
Körnigkeit	Unebenheit der Fruchtmasse, Ausmaß an Körnigkeit oder Rauheit der Partikel beim darauf herumkauen, pressen des Produktes an den Gaumen
Glattheit	Grad des Schmelzens und Auflösens der Probe, der mit Cremigkeit in Verbindung gebracht wird; Masse ohne feststellbare Partikel
Faserigkeit	Menge an Fruchtfleisch, dass während des Kauens in faserige, Bruchstücke/Teilchen zerfällt
Mundbelag	Ausmaß des Belages bzw. Films auf Zunge, Lippen und Gaumen (im Mund)
Adstringierend	Eindruck einer zusammenziehenden oder kribbelnden Empfindung auf den Oberflächen und/oder Seiten von Zunge und Mund, assoziiert mit Tanninen (z.B. Eindruck nach dem Trinken von schwarzem Tee)
NACHGESCHMACK	
Allgemeiner Nachgeschmack	Intensität des allgemeinen Nachgeschmacks (30 Sekunden nach dem Schlucken)

eigene Darstellung; Literaturquellen: KOPITAR 2008, LESPINASSE et al. 2006, MAJCHRZAK 2015, ROSENFELD und NES 2000, SKREDE 1982, WAHL 2010

3.9.4 Schalenfrüchte (Nüsse)

3.9.4.1 Mandeln

Die Mandel, eine Schalenfrucht, (*Prunus dulcis*) ist der Samen des Mandelbaumes, der heute in vielen Ländern mit warmem Klima kultiviert wird. Die den Kern umschließende Schale wird aufgebrochen, der Kern herausgelöst und getrocknet. Unterschieden wird zwischen süßen (*Prunus dulcis var. dulcis*) und bitteren (*Prunus dulcis var. amara*) Mandel (EBERMANN und ELMADFA 201). Die Herkunft, die Hautdicke und das Alter der Mandeln scheint auf das Flavourprofil einen prägenden Einfluss zu haben. So sind Mandeln aus Kalifornien, Australien und Chile süß-mandelartig im Flavour, während Mandeln aus den Mittelmeerländern wie Spanien und Italien eine dunklere Farbe aufweisen und eher kräftig-aromatisch-mandelartig sind, wobei italienische Mandeln zur Bitterkeit neigen (DLG 2014). Die kalifornische Mandel ist zu 100% eine Süßmandel. Die verschiedenen Arten, wie California (mittelbraun), Nonpareil (gleichmäßig hellbraunen Kern, deutliche Maserung), Neplus (länglicher Kern, Stifte, eher dunkelbraun), Mission (starke Haut, rundlicher, tropfenförmiger, eher dunkelbrauner Kern, schlecht zu blanchieren, Mehle), Butte/Padre (mittel-braun) und Carmel (mittelbrauner Kern, asymetrisch geformt) zeigen unterschiedliche sensorische Eigenschaften. Bittermandeln, die hauptsächlich in Nordafrika angebaut werden, sind kleiner, haben viele Bruchstücke und neigen dazu ein staubiges Mundgefühl zu verursachen, was an der Anfälligkeit für Verunreinigung mit Schalenresten und kleineren Steinen liegen kann (DLG 2014). Für das charakteristische Bittermandel-Aroma ist Benzaldehyd, der neben Blausäure und Glucose bei der Spaltung des Amygdalins oder des Prunasins entsteht, verantwortlich (EBERMANN und ELMADFA 2011). Mandeln werden weltweit für viele und unterschiedliche Produkte verwendet. Die richtigen Verarbeitungs- und Lagerungsmethoden als auch die verschiedenen Mandelsorten garantieren die Sicherheit der bestmöglichen Qualität. Zu den wichtigsten Unterscheidungskriterien bei der Evaluierung der Mandelqualität gehören die Kernform und -größe, das Geschmack-/Flavourprofil, die Schalenfarbe und Textur sowie die Blanchiermöglichkeit (ALMOND BOARD OF CALIFORNIA 2014). Bei der Beurteilung der sensorischen Qualität zeigten die Vielfalt, die Zusammenstellung der Nüsse sowie die Bewässerungsmethoden einen Einfluss auf die Größe der Kerne zu haben. Zu sensorischen Qualitätsmängeln zählen Dopplungen, zersplitterte und gebrochene Oberflächen, verkümmerte Nüsse, braune Flecken, Verfärbungen, eingebettete Schalen sowie körperfremde Materialien (ALMOND BOARD OF CALIFORNIA 2014). Auch der Verarbeitungsprozess har Auswirkungen auf auf die Haltbarkeit von Mandeln. Durch das Bearbeiten (würfeln, splittern, schneiden, mahlen) und das Blanchieren werden Oxidationsprozesse angestoßen, die zu einer Reduzierung der Haltbarkeit führen können. Zum Schutz sollten die Röstprodukte der Mandeln sowohl bei Öl- als auch Trockenröstung vor Sauerstoffeinfluss bewahrt werden. Die Ziele der Röstung von Mandeln sind die Entwicklung der Farbe und des Geschmacks/Flavours sowie die Veränderung der Beschaffenheit. Sind äußerlich keine Schäden sichtbar, werden die Kerne im Inneren beim Rösten dunkler als intakte Nüsse, was zu einem bitteren Geschmack führen kann

(ALMOND BOARD OF CALIFORNIA 2014). Die beste Lagerung für Mandeln sind kühle und trockene Bedingungen (unter 10° Celsius und weniger als 65 Prozent relative Luftfeuchtigkeit). Die Temperatur hat dabei Einfluss auf die Wasseraufnahme und -abgabe, die sich als abhängig von der relativen Luftfeuchtigkeit des Lagerumfelds und der Ausgangsfeuchtigkeit der verschiedenen Mandelformen zeigt. Anhaltende Luftfeuchtigkeit bei erhöhten Lagertemperaturen kann in Bitterkeit resultieren. Bei relativ kühlen Lagerungsbedingungen und gleichzeitig erhöhter Nussfeuchtigkeit können sich verdeckte Schäden entwickeln. Das Maß an Oxidation des Öls, des Insektenbefalls und weitere Fehlentwicklungen werden ebenfalls von der Temperatur beeinträchtigt. Bei Temperaturen höher als 10° Celsius, die keine Insektenaktivitäten anregen, gelingt es aber auch die Wassermigrationen zu kontrollieren und Lipidoxidationen zu reduzieren. Da Mandeln bei längerer Aussetzung gegenüber Gerüchen diese schnell annehmen können, sollten Fremdgerüche bei der Lagerung vermieden werden (ALMOND BOARD OF CALIFORNIA 2014). Lagerung und Verpackung können auch eine Rolle in der Entstehung bestimmter Aroma- und Flavoureigenschaften spielen. Mandeln sollten vor direktem Sonnenlicht geschützt werden, da es zur Verdunkelung der Nussoberfläche führen kann, während Röstprodukte zusätzlich noch Sauerstoff-geschützt gelagert werden sollten. (ALMOND BOARD OF CALIFORNIA 2014).

Tab 34. Attribute inklusive Definitionen zur sensorischen Evaluierung von verschiedenen Mandelarten

Attribut	**Definition**
AUSSEHEN	
Farbe	Intensität der Farbe
Farbsättigung	Klarheit oder Reinheit der Farbe
Gleichmäßigkeit der Farbe	Ausmaß, in dem die Farbe gleichmäßig ist (nicht fleckig)
Rauheit	Ausmaß an sichtbaren Erhebungen und Kerben an der Oberfläche der Probe
Schalen-Unversehrtheit	Ausmaß, in dem die Schalen der Mandeln ein intaktes Erscheinungsbild aufweisen (ohne Risse, Blasen, Falten und Kerben oder Schnitten)
GERUCH/FLAVOUR	
Allgemein	Gesamtintensität, ortho- und retronasal wahrgenommener Eindrücke
Mandelessenz	Geruch/Flavour assoziiert mit der Essenz von Mandeln
Rohe Bohne	Geruch/Flavour assoziiert mit rohen Bohnen oder Hülsenfrüchten

Attribut	Definition
Gekocht	Geruch/Flavour assoziiert mit gekochten Nüssen, Bohnen oder Hülsenfrüchten
Geröstet	Geruch/Flavour assoziiert mit gerösteten Mandeln
Dunkle Röstung	Geruch/Flavour assoziiert mit Kakaobohnen und/oder Nüssen, die dunkel geröstet wurden
Nussartig	Geruch/Flavour assoziiert mit Nüssen, anderen als Mandeln
Walnuss	Geruch/Flavour assoziiert mit Walnüssen
Kokosnuss	Geruch/Flavour assoziiert mit zerriebener oder getrockneter Kokosnuss und Kokosnuss-Milch
Süßlich	Geruch/Flavour assoziiert mit süßen Substanzen
Honigartig	Geruch/Flavour assoziiert mit Honig
Brauner Zucker	Geruch/Flavour assoziiert mit braunem Zucker
Vanille	Geruch/Flavour assoziiert mit Vanille
Kirschsüßigkeiten	Geruch/Flavour assoziiert mit Kirsch-Süßigkeiten
Fruchtig	Geruch/Flavour assoziiert mit verschiedenen Früchten
Rote Früchte	Geruch/Flavour assoziiert mit roten Früchten (Erdbeeren, Himbeere, Kirschen)
Braune Früchte	Geruch/Flavour assoziiert mit braunen Früchten (Rosinen, Trockenpflaume, Feigen)
Fermentiert	Geruch/Flavour assoziiert mit fermentierten Früchten
Blumig	Geruch/Flavour assoziiert mit verschiedenen Blumen
Holzig	Geruch/Flavour assoziiert mit Holz
Sägespäne/Bleistiftspäne	Geruch/Flavour assoziiert mit Sägespänen oder Bleistiftspänen

Attribut	Definition
Frisch geschnittenes Holz	Geruch/Flavour assoziiert mit frisch geschnittenem Holz
Schalen	Geruch/Flavour assoziiert mit Nussschalen
Grün	Geruch/Flavour assoziiert mit Stängeln, Blättern, frisch gemähtem Gras
Grassig/Heu	Geruch/Flavour assoziiert mit Heu
Grün/Unreif	Geruch/Flavour assoziiert mit grünen, unreifen Mandeln
Off Flavour	
Plastik/Wachs	Geruch/Flavour assoziiert mit Plastik oder Wachs
Karton/Papier	Geruch/Flavour assoziiert mit Kartonschachteln
Erdig/Trocken	Geruch/Flavour assoziiert mit trockener Erde
Metallisch	Geruch/Flavour assoziiert mit einer wässrigen Eisensulfat-Lösung (Metalldosen, Münzen)
GESCHMACK	
Bitter	Grundgeschmack assoziiert mit Koffeinlösungen
Salzig	Grundgeschmack assoziiert mit NaCl-Lösungen
Sauer	Grundgeschmack assoziiert mit Zitronensäurelösungen
Süß	Grundgeschmack assoziiert mit Saccharoselösungen
TEXTUR/MUNDGEFÜHL	
Oberfläche	
Puderig/Flaumig	Menge an kleinen, feinen Partikeln, wahrnehmbar durch sanftes Gleitenlassen der Probe über die Lippen, erinnert an Samt
Rauheit	Menge an Oberflächen-Unregelmäßigkeiten, evaluiert durch ein Reiben der Probe über die Lippen
Ungebundene Partikel	Menge an ungebundenen, losen Teilchen auf der Ober-

Attribut	Definition
	fläche, evaluiert durch ein Reiben der Probe über die Lippen
Oberflächen-Feuchtigkeit	Feuchtigkeit/Öligkeit an der Oberfläche, evaluiert durch ein Reiben der Probe über die Lippen
Erstes Kauen	
Festigkeit/Härte	Notwendige Kraft, um die Probe mit den Backenzähnen zu zerkauen
Kraft zum Vermahlen der Stücke	Notwendige Kraft, um das Vermahlen der Stücke mithilfe der Backenzähne fortzuführen
Anzahl der Stücke	Anzahl der Stücke, in der die Probe nach dem ersten Kauen zerbrochen wird
Kauen	
Dauer des Knackens	Kau-Anzahl solange die Probe noch ein knackiges Geräusch macht
Breiig	Erforderliche Kau-Anzahl bis zur Bildung einer Masse
Feuchtigkeit	Wahrgenommene Feuchtigkeit in der zerkauten Probe im Mund
Kohesivität	Zusammenhalt der zerkauten Probe im Mund
Krümeligkeit	Wahrnehmung von Größe und Form der Partikel vom zerkleinerten Produkt im Mund
Faserigkeit	Wahrgenommene Fasern und Faserstoffen, in den Backenzähnen
Rückstand	
Reste in den Zähnen	Menge an Produktresten, die nach dem Auswurf, in den Zahnoberflächen zurückbleibt
Reststücke im Mund	Menge an kalkhaltigen/körnigen Partikeln, die nach dem Ausspucken im Mund zurückbleibt
Mundbelag	Ausmaß des Belages bzw. Films auf Zunge, Lippen und

Attribut	Definition
	Gaumen (im Mund)
Seifig	Seifiger Eindruck auf der Zungenoberfläche
Adstringierend	Eindruck einer zusammenziehenden oder kribbelnden Empfindung auf den Oberflächen und/oder Seiten von Zunge und Mund, assoziiert mit Tanninen (z.B. Eindruck nach dem Trinken von schwarzem Tee)
Beißend/Brennend	Beißender, brennender Eindruck auf der Zunge und Mundoberflächen auch nach Entfernen des Reizes; ausgelöst durch Nervus Trigeminus
NACHGESCHMACK	
Allgemeiner Nachgeschmack	Intensität des allgemeinen Nachgeschmacks (30 Sekunden nach dem Schlucken)

eigene Darstellung; Literaturquellen: CIVILLE et al. 2010

3.9.4.2 *Walnüsse*

Die Walnuss (*Juglans sp., Juglandaceae*) ist eine kugelige, einsamige Steinfrucht, der etwa 15 vorkommenden Juglans-Arten. In Mitteleuropa ist vorwiegend die Echte Walnuss (*Juglans regia*) vorzufinden, deren Nüsse sich je nach Varietät in der Größe und Dicke der Schale unterscheiden. Die Größe des Kerns korreliert meist proportional zur Dicke der Schale (EBERMANN und ELMADFA 2011). Walnusskerne weisen durch die vorhandene Gerbsäure eine mehr oder weniger starke Bitterkeit auf (Osteuropa: stark, China: mittelmäßig, Europa: leicht, Kalifornien: mild) und neigen wegen des hohen Fettgehaltes, der bei etwa 70% liegt, bei Sauerstoff- und Wärmeeinfluss sehr schnell zu Ranzigkeit. Die maximale Feuchtigkeit des Walnusskerns sollte 6 % betragen (DLG 2014). Für die sensorische Qualität von Walnüssen wichtig sind aber nicht nur die Inhaltsstoffe, sondern auch der Bruchanteil, die Größe und die Farbe. Für die Beurteilung der Farbe kann man sich einer Farbtafel (International Standardization of Fruit and Vegetables „Colour gauge for walnut kernels") bedienen (DLG 2014). Eine helle Kernfarbe (hellbraun bis braun), keine Änderung an der Kernoberfläche sowie eine feste, knackige Textur zeichnen Walnüsse von hoher sensorischer Qualität aus (LEE et al. 2011). Dunklere Kerne weisen höhere Konzentrationen an Aldehyden und Alkoholen auf, welche mit Attributen wie „ranzig", „verbrannt" und „scharf" in Verbindung gebracht werden, während Hexanal zur Entstehung von „muffig/erdigen" aber auch "ranzigen" Noten beitragen kann. Hellere Kerne hingegen haben höhere Konzentrationen an Furanen, welche zu nussartigen Aromen führen (LEE et al. 2011). Die Witterungsbedingungen, insbesondere häufige Regenfälle während des Kernwachstums, die einerseits zu einer Verfärbung der Kerne und andererseits zu einem „muffig/erdigen“ und „schimmeligen“ Flavour beitragen können beeinflussen auch die sensorische Qualität der Walnüsse (LYNCH 2012). Zusätzlich spielen Ernte- und Schälzeitpunkt eine wichtige Rolle für die Nussqualität. Wird zu spät nach der Fruchtreife geerntet und geschält, führt dies zu einer dunkleren Kernfarbe, erhöhter Bitterkeit, Ranzigkeit sowie stärker ausgeprägten Eigenschaften wie „muffig/erdig“, „schimmelig“ und „beißend/brennend“ (WARMUND et al. 2009).

Tab 35. Attribute inklusive Definitionen zur sensorischen Evaluierung von verschiedenen Walnussarten

Attribut	**Definition**
AUSSEHEN	
Schale	
Farbe	Intensität der Schalenfarbe
Glanz	Ausmaß der Lichtreflexion auf der Schalenoberfläche
Rauigkeit	Rauigkeit der Schalenoberfläche, unebene Oberfläche
Verfärbungen	Flecken und Verfärbungen auf der Schalenoberfläche
Entnahme des Kerns	Kraft die aufgewandt werden muss um den Kern aus der Schale zu lösen
Kern	
Oberflächenfarbe	Intensität der Farbe der Kernoberfläche
Kernfarbe	Intensität der Farbe, wenn man den Kern auseinanderbricht
Symmetrie	Symmetrie des Kerns
Rauigkeit	Rauigkeit der Kernoberfläche, unebene Oberfläche
Verfärbungen	Flecken und Verfärbungen auf der Kernoberfläche
Adern	Ausmaß der Adern die Kernoberfläche durchziehen
Glanz der Oberfläche	Ausmaß der Lichtreflexion auf der Produktoberfläche
GERUCH/FLAVOUR	
Allgemein	Gesamtintensität, ortho- und retronasal wahrgenommener Eindrücke

Attribut	Definition
Holzig	Geruch/Flavour assoziiert mit frisch geschnittenem Holz
Mehlartig	Geruch/Flavour assoziiert mit Weizenmehl
Pflanzenöle	Geruch/Flavour assoziiert mit Pflanzenölen
Süßlich	Geruch/Flavour assoziiert mit süßlichen Substanzen
Fruchtig	Geruch/Flavour assoziiert mit verschiedenen Früchten
Ranzig	Geruch/Flavour assoziiert mit oxidierten Fetten
Verbrannt	Geruch/Flavour assoziiert mit verbrannten Nüssen
Muffig/Erdig	Geruch/Flavour assoziiert mit Humus, feuchter Erde
Schimmelig	Geruch/Flavour assoziiert mit Schimmelbewuchs
GESCHMACK	
Bitter	Grundgeschmack assoziiert mit Koffeinlösungen
Salzig	Grundgeschmack assoziiert mit NaCl-Lösungen
Sauer	Grundgeschmack assoziiert mit Zitronensäurelösungen
Süß	Grundgeschmack assoziiert mit Saccharoselösungen
TEXTUR/MUNDGEFÜHL	
Festigkeit/Härte	Notwendige Kraft, um die Probe mit den Backenzähnen zu zerkauen
Knackigkeit	Kau-Anzahl solange die Probe noch ein knackiges Geräusch macht
Krümeligkeit	Wahrnehmung von Größe und Form der Partikel vom zerkleinerten Produkt
Mundbelag	Ausmaß des Belages bzw. Films auf Zunge, Lippen und Gaumen (im Mund)
Mehlig	Wahrnehmung von feinen, weichen, glatten Teilchen, gleichmäßig verteilt im Gesamtprodukt

Attribut	Definition
Prickelnd	Prickelnder Eindruck auf der Zunge (B. nach dem Trinken von Sodawasser)
Adstringierend	Eindruck einer zusammenziehenden oder kribbelnden Empfindung auf den Oberflächen und/oder Seiten von Zunge und Mund, assoziiert mit Tanninen (z.B. Eindruck nach dem Trinken von schwarzem Tee)
Beißend/Brennend	Beißender, brennender Eindruck auf der Zunge und Mundoberflächen auch nach Entfernen des Reizes; ausgelöst durch Nervus Trigeminus
NACHGESCHMACK	
Allgemeiner Nachgeschmack	Intensität des allgemeinen Nachgeschmacks (30 Sekunden nach dem Schlucken)

eigene Darstellung; Literaturquellen: COLARIČ et al. 2006, LYNCH 2012, MILLER und CHAMBERS 2013b, SINESIO und MONETA 1997, WARMUND et al. 2009

3.9.4.3 Erdnüsse

Die Erdnuss (*Arachis hypogaea, Fabaceae*) gehört zur Familie der Leguminosen und zählt zu den wichtigsten Ölpflanzen weltweit. Die Blüten der Pflanze sind oberirdisch, die Samen reifen jedoch unter der Erde. Die Nüsse werden roh, geröstet und gesalzen verzehrt, wobei auch ein Teil zur Herstellung von Speisefetten, butterähnlichen Brotaufstrichen (Erdnussbutter) bzw. Süßwaren verwendet wird. Die protein- und fettreichen Nüsse werden durch Trocknung haltbar gemacht (EBERMANN und ELMADFA 2011). Die Ähnlichkeit zu botanischen Nüssen beruht auf der Beschaffenheit des Samens, der sich durch eine vergleichbare Konsistenz, den hohen Fettgehalt und einen niedrigen Anteil an Stärke auszeichnet. Insbesondere durch die Röstung von Erdnüssen entsteht eine Vielzahl an Flavour Eigenschaften, die sowohl positiv („geröstet", „süßlich" und „schalenartig") als auch negativ („verbrannt", „muffig/erdig" oder „schwefelig") assoziiert werden können (LYKOMITROS et al. 2016). Da aufgrund des hohen Anteils an ungesättigten Fettsäuren in Erdnüssen die Gefahr der Oxidation gegeben ist, spielt die Vermeidung von dadurch entstehenden Fehlaromen und –flavours wie „ranzig", „kartonartig" und „farbeähnlich" eine wichtige Rolle für die sensorische Qualität (NEPOTE et al. 2008). Beispielsweise wird durch eine lange Lagerungszeit die Ausprägung des kartonartigen Eindrucks ebenso intensiviert wie ranzige Aroma-/Flavournoten. Der süße Geschmack bleibt bei der Lagerung beinahe unverändert. Es konnte aber eine Steigerung der Attribute „bitter" und „beißend/brennend" sowie eine Verringerung von „fruchtig" und „muffig" festgestellt werden (PATTEE et al. 1997).

Tab 36. Attribute inklusive Definitionen zur sensorischen Evaluierung von Erdnüssen

Attribut	**Definition**
AUSSEHEN	
Farbe	Intensität der Farbe
Farbsättigung	Farbsättigung oder Farbreinheit
Glanz	Ausmaß der Lichtreflexion auf der Produktoberfläche
Sichtbare Teilchen	Anzahl der Teilchen an der Oberfläche
GERUCH/FLAVOUR	
Geröstete Erdnüsse	Geruch/Flavour assoziiert mit gerösteten Erdnüssen
Rohe Bohnen	Geruch/Flavour assoziiert mit leicht-gerösteten Erdnüssen; Hülsenfrucht-ähnlich
Süßlich	Geruch/Flavour assoziiert mit süßen Substanzen wie Karamell, Vanille
Schalen	Geruch/Flavour assoziiert mit Erdnussschalen
Fermentiert	Geruch/Flavour assoziiert mit fermentierten Früchten
Kartonartig	Geruch/Flavour assoziiert mit Kartonschachteln
Verbrannt	Geruch/Flavour assoziiert mit sehr-dunkel gerösteten, verbrannten Nüssen
Muffig/Erdig	Geruch/Flavour assoziiert mit nasser Erde
Grün	Geruch/Flavour assoziiert mit Stängeln, Zweigen, frisch gemähtem Gras
Getreideartig	Geruch/Flavour assoziiert mit gemahlenen und gerösteten Getreidekörnern
Bohnen	Geruch/Flavour assoziiert mit rohen / gekochten Bohnen
Schwefelig	Geruch/Flavour assoziiert mit gekochten Eiern
Fischig	Geruch/Flavour assoziiert mit altem Fisch
Plastik	Geruch/Flavour assoziiert mit Plastiktüten

Attribut	Definition
Metallisch	Geruch/Flavour assoziiert mit einer wässrigen Eisensulfat-Lösung (Metalldosen, Münzen)
GRUNDGESCHMACK	
Bitter	Grundgeschmack assoziiert mit Koffeinlösungen
Salzig	Grundgeschmack assoziiert mit NaCl-Lösungen
Sauer	Grundgeschmack assoziiert mit Zitronensäurelösungen
Süß	Grundgeschmack assoziiert mit Saccharoselösungen
TEXTUR/MUNDGEFÜHL	
Oberfläche	
Rauheit	Menge an Teilchen an der Oberfläche, unebene Oberfläche
Erste Komprimierung	
Festigkeit/Härte	Notwendige Kraft um die Probe mit den Backenzähnen zu zerdrücken
Verformung	Ausmaß, in dem sich die Probe verformt
Dichte	Kompaktheit der Probe
Klebrigkeit	Notwendige Kraft um die Probe vom Gaumen abzulösen
Zerlegung	
Vermischung mit Speichel	Menge an Speichel der sich mit der Probe vermischt
Klebrigkeit	Notwendige Kraft um die Probe vom Gaumen abzulösen
Kohesivität	Zusammenhalt der zerkauten Probe im Mund
Rückstand	
Krümeligkeit	Wahrnehmung von Größe und Form der Partikel vom zerkleinerten Produkt im Mund
Zahnrückstände	Ausmaß an Probenrückständen wahrgenommen in den

Attribut	Definition
	Backenzähnen
Mundbelag	Ausmaß des Belages bzw. Films auf Zunge, Lippen und Gaumen (im Mund)
Kreidig	Kreidiger Belag auf den Mundoberflächen
Adstringierend	Eindruck einer zusammenziehenden oder kribbelnden Empfindung auf den Oberflächen und/oder Seiten von Zunge und Mund, assoziiert mit Tanninen (z.B. Eindruck nach dem Trinken von schwarzem Tee)
Beißend/Brennend	Beißender, brennender Eindruck auf der Zunge und Mundoberflächen auch nach Entfernen des Reizes; ausgelöst durch Nervus Trigeminus
NACHGESCHMACK	
Allgemeiner Nachgeschmack	Intensität des allgemeinen Nachgeschmacks (30 Sekunden nach dem Schlucken)

eigene Darstellung; Literaturquellen: JOHNSEN et al. 1988, LYKOMITROS et al. 2016, McNEILL et al. 2002, NEPOTE et al. 2008, PATTEE et al. 1997

3.10 Honig, Zucker, Süsswaren

3.10.1 Honig

In der Honigverordnung des Bundesministeriums für Gesundheit und Frauen sind die Definition, die Arten, die Bezeichnung sowie Kennzeichnung von Honigen geregelt. Laut diesem versteht man unter Honig „den natursüßen Stoff, der von Bienen der Art *Apis mellifera* erzeugt wird, indem die Bienen Nektar von Pflanzen, Absonderungen lebender Pflanzenteile oder auf den lebenden Pflanzenteilen befindliche Sekrete von an Pflanzen saugenden Insekten aufnehmen, diese mit arteigenen Stoffen versetzen, umwandeln, einlagern, dehydratisieren und in den Waben des Bienenstockes speichern und reifen lassen“ (HONIGVERORDNUNG 2015).

Einteilung von Honigarten (HONIGVERORDNUNG 2015).

Unterscheidung nach Herkunft

Blütenhonig oder Nektarhonig: Honig, der aus dem Nektar von Pflanzen stammt.

Honigtau: Honig, der hauptsächlich aus auf lebenden Pflanzenteilen befindlichen Sekreten von an Pflanzen saugenden Insekten (*Hemiptera*) oder aus Absonderungen lebender Pflanzenteile stammt.

Unterscheidung nach Herstellungsart oder Angebotsform

Wabenhonig oder Scheibenhonig: Von den Bienen in den gedeckelten brutfreien Zellen, der von ihnen frisch gebauten Honigwaben oder in Honigwaben aus feinen, ausschließlich aus Bienenwachs hergestellten, gewaffelten Wachsblättern gespeicherter Honig, der in ganzen oder geteilten Waben gehandelt wird.

Honig mit Wabenteilen oder Wabenstücke in Honig: Honig, der ein oder mehrere Stücke Wabenhonig enthält.

Tropfhonig: Durch Austropfen der entdeckelten brutfreien Waben gewonnener Honig.

Schleuderhonig: Durch Schleudern der entdeckelten brutfreien Waben gewonnener Honig.

Presshonig: Durch Pressen der brutfreien Waben ohne Erwärmen oder mit geringem Erwärmen auf höchstens 45°C gewonnener Honig.

Gefilterter Honig: Honig, der gewonnen wird, indem anorganische oder organische Fremdstoffe so entzogen werden, dass die Pollen in erheblichem Maße entfernt werden.

Unterscheidung nach dem Verwendungszeck

Speisehonig: Honig, der direkt für den menschlichen Verzehr geeignet ist.

Backhonig: Backhonig wird für industrielle Zwecke bzw. als Zutat für andere Lebensmittel verwendet und kann daher einen fremden Geruch oder Geschmack aufweisen, überhitzt oder in Gärung übergegangen sein. Auf der Verpackung muss ein Hinweis „nur zum Kochen und Backen" ersichtlich sein (HONIGVERORDNUNG 2015)."

Unterscheidung nach der Eintragszeit

Frühhonig: bis Ende Mai

Haupthonig: Juni und Juli

Späthonig: August bis September (RIMBACH et al. 2010).

Zur Qualität von Honig tragen unterschiedliche Faktoren bei. Der Vorgang der Honiggewinnung spielt hier eine entscheidende Rolle. Aber auch während der Abfüllung und Lagerung kann es zu Verunreinigungen des Honigs kommen was die Qualität negativ beeinflusst. Der Zusatz fremder Zuckerarten sollte bei der Analyse der Honigqualität unbedingt überprüft werden (HORN und LÜLLMANN 2006). Die sensorischen Untersuchungen spielen zusätzlich zur chemisch-physikalischen und mikroskopischen Analyse eine wesentliche Rolle bei der Qualitätsbeurteilung von Honig und finden ebenso Einsatz bei der Charakterisierung der botanischen und geographischen Herkunft des Produktes. Die Bezeichnung als Sortenhonig wird laut Honigverordnung nur erlaubt, wenn die sensorischen, chemisch-physikalischen und mikroskopischen Parameter miteinander kongruieren.

Charakteristika einiger Honigsorten (VON DER OHE et al. 2010):

Heide (*Calluna vulgaris*): rötlich-braune Farbe, herb-aromatisches Aroma/Flavour

Raps (*Brassica napus*): weiß-hellbeige Farbe, dezentes Aroma/Flavour

Akazie (*Robinia pseudoacia*): klare, blaß gelbe Farbe, mild-süßliches Aroma/Flavour

Linde (*Tilia spp.):* hell bis dunkelbeige Farbe, sehr kräftiges Aroma/Flavour

Löwenzahn (*Taraxacum off.):* gelbe Farbe, sehr kräftiges bis leicht scharfes Aroma/Flavour

Waldhonig (Honigtau): braun-rotbraune Farbe, würzig-malziges Aroma/Flavour

Waldhonige werden bei sensorischen Analysen verglichen mit Blütenhonigen als intensiver in der Farbe als auch bei Attributen wie „holzig", „harzig", „würzig", „verbrannt" und „ledrig" beschrieben, während sich Blütenhonige ausgeprägter bei „blumig" sowie dem Geruch/Flavour nach getrockneten Früchten zeigen (SCHLEGER 2012).

Tab 37. Attribute inklusive Definitionen zur sensorischen Evaluierung von Blüten- und Waldhonig

Attribut	**Definition**
AUSSEHEN	
Farbe	Intensität der Farbe des Honigs (hellgelb bis braun)
Trübheit	Intensität der Lichtdurchlässigkeit oder Lichtstreuung
Optische Viskosität	Fließfähigkeit des Honigs auf dem Löffel auf der Glasinnenseite
Kristallisation	Größe und Form der Partikel von kristallisiertem Honig
GERUCH/FLAVOUR	
Blumig	Geruch/Flavour assoziiert mit verschiedenen Blumen
Fruchtig	
Zitrusfrüchte	Geruch/Flavour assoziiert mit Zitrusfrüchten
Reife Früchte	Geruch/Flavour assoziiert mit reifen Früchten (Pfirsichen, Aprikosen)
Trockene Früchte	Geruch/Flavour assoziiert mit trockenen Früchten (Erdnüssen, Walnüssen, Haselnüssen)
Pflanzlich	
Grünes Gras	Geruch/Flavour assoziiert mit frisch gemähtem Rasen

Attribut	**Definition**
Wachs/Harz	Geruch/Flavour assoziiert mit Bienenwachs, Harz
Holz	Geruch assoziiert mit Holzmöbeln
Geröstet	
Kandiert/Süßlich	Geruch/Flavour assoziiert mit gerösteten Lebensmitteln
Verbrannt/Geräuchert	Geruch/Flavour assoziiert mit Rauch
Malzig	Geruch/Flavour assoziiert mit Malz
Animalisch	
Leder	Geruch/Flavour assoziiert mit Kleidungsleder
Kuhstall	Geruch/Flavour assoziiert mit Ställen
GESCHMACK	
Süß	Grundgeschmack assoziiert mit Saccharoselösungen
Sauer	Grundgeschmack assoziiert mit Zitronensäurelösungen
Bitter	Grundgeschmack assoziiert mit Koffeinlösungen
TEXTUR/MUNDGEFÜHL	
Viskosität	Fließfähigkeit im Mund: notwendige Kraft um den Honig mit der Zunge vom Löffel einzusaugen
Kohesivität	Zusammenhalt des Honigs im Mund
Körnigkeit	Wahrnehmung von Größe und Form der Teilchen von kristallisiertem Honig im Mund
Scharf	Chemesthetischer Eindruck von Schärfe in der Mundhöhle; schmerzhaft (bsp. Pfeffer), ausgelöst durch Nervus Trigeminus
Beißend/Brennend	Beißender, brennender Eindruck auf der Zunge und Mundoberflächen auch nach Entfernen des Reizes; ausgelöst durch Nervus Trigeminus

Attribut	Definition
Glattheit	Beurteilen des Vorhandenseins von Partikeln; Produkt ohne spürbare Partikel ist glatt
Erfrischend	Chemesthetischer Eindruck von Frische in der Mundhöhle (bsp. Eukalyptus Öl)
Adstringierend	Eindruck einer zusammenziehenden oder kribbelnden Empfindung auf den Oberflächen und/oder Seiten von Zunge und Mund, assoziiert mit Tanninen (z.B. Eindruck nach dem Trinken von schwarzem Tee)
NACHGESCHMACK	
Allgemeiner Nachgeschmack	Intensität des allgemeinen Nachgeschmacks (30 Sekunden nach dem Schlucken)

eigene Darstellung; Literaturquellen: CASTRO-VAZQUES et al. 2009, CASTRO-VAZQUES et al. 2010, GALAN-SOLDEVILLA et al. 2005, GONZÁLEZ et al. 2010, GONZÁLEZ-VIÑAS et al. 2003, MARCAZZAN et al. 2018, PIANA et al. 2004, SCHLEGER 2012

3.10.2 Eiscreme

Speiseeis ist eine Süßspeise, die hauptsächlich aus Wasser, gefrorener Milch (60 %), Milchprodukten, eventuell Eigelb und Saccharose bzw. Glucose oder Stärkesirup besteht und durch Aufschlagen/Rühren zu einer Creme gefroren wird. Weiters können verschiedene geschmacksgebende Bestandteile wie Früchte, Fruchtmuse, Nüsse, Obstprodukte (z.B. Säfte), Kakao- und Kaffeeprodukte, Gewürze (z.B. Vanille), Aromen und Essenzen, Fruchtsäuren, Verdickungsmittel und Stabilisatoren (z.B. Alginate, Stärke, Agar-Agar, Pektin, Gelatine), Farbstoffe, Emulgatoren (Lecithin) sowie Luft beigemengt werden (EBERMANN und ELMADFA 2011). Zur Herstellung von Speiseeis werden alle Komponenten vermischt, homogenisiert und pasteurisiert. Nach Abkühlung auf rund 2–3°C wird das Gemisch einige Stunden zur Abrundung des Geschmacks/Flavour bei ständigem Rühren gelagert („Aging"). Durch das „Aging" kommt es zur Kristallisation des Fettes und zur Bindung von Wasser durch die Milchproteine und Verdickungsmitteln, damit eine geeignete Konsistenz entsteht (EBERMANN und ELMADFA 2011). Fett bestimmt sowohl Flavour als die Textur der Eiscreme. Mit zunehmendem Fettgehalt wird das Produkt cremiger und man braucht mehr Zeit um die Probe im Mund schmelzen zu lassen (LI et al. 1997). Ebenso werden „butterige" und „cremige" Flavour Noten sowie der Belag auf Zunge, Lippen und Gaumen (Mundbelag) verstärkt. Ein Fettgehalt von rund 18% scheint zur intensivsten Wahrnehmung zugesetzter Aromastoffe wie beispielsweise Vanille oder Erdbeere zu führen, während bei erhöhtem Zuckergehalt treten Eigenschaften wie „süß", „karamellartig" sowie „Vanille" in der Eiscreme verstärkt auf (HYVÖNEN et al. 2003). Eiskristalle spielen in der Wahrnehmung der Eistextur eine wesentliche Rolle, da sie abhängig von ihrer Größe als glatt oder kristallin wahrgenommen werden und so zur besseren oder schlechteren Homogenität des Produktes beitragen können (FLORES und GOFF 1999). Die Bildung von Eiskristallen ist nicht nur abhängig von der Zusammensetzung der Eiscreme, sondern auch von der Gefriertemperatur. Durch das Gefrierverfahren sollen möglichst kleine Eiskristalle gebildet werden. Sind Eiskristalle größer als 10µm werden diese im Mund oft als „sandig" empfunden. Das Einrühren von Luft, die sich bei den tiefen Temperaturen gut löst, führt zur Bildung einer viskosen Masse, in der die Luftbläschen emulgiert bleiben und zusammen mit Proteinen eine Auflockerung der Konsistenz herbeiführen (EBERMANN und ELMADFA 2011).

Tab 38. Attribute inklusive Definitionen zur sensorischen Evaluierung von Eiscreme

Attribut	**Definition**
AUSSEHEN	
Farbe	Intensität der Farbe
Gleichmäßigkeit der Farbe	Gleichmäßigkeit der Verteilung der Farbe
Glanz	Ausmaß der Lichtreflexion an der Produktoberfläche
Glattheit	Oberfläche ohne sichtbare Partikel, Körner oder Unebenheiten
Wässrig	Auftreten von Flüssigkeit an der Oberfläche
GERUCH/FLAVOUR	
Frische Milch	Geruch/Flavour assoziiert mit frischer Kuhmilch
Gekochte Milch	Geruch/Flavour assoziiert mit erhitzter Kuhmilch, assoziiert mit gesüßter Kondensmilch
Milchfett	Geruch/Flavour assoziiert mit Milchfett
Vanille	Geruch/Flavour assoziiert mit Vanilleschoten
Karamellartig	Geruch/Flavour assoziiert mit karamellisiertem Zucker
Ei - artig	Geruch/Flavour assoziiert mit gekochtem Ei
Fruchtig	Geruch/Flavour assoziiert mit frischen Früchten
Reife Früchte	Geruch/Flavour assoziiert mit einer Vielzahl reifer Früchte

Attribut	Definition
Unreife Früchte	Geruch/Flavour assoziiert mit grünen / unreifen Früchten
Überreife Früchte	Geruch/Flavour assoziiert mit überreifen Früchten
Gekochte Früchte	Geruch/Flavour assoziiert mit erwärmten, angebräunten Früchten
Zitrusfrüchte	Geruch/Flavour assoziiert mit Zitrusfrüchten
Schale	Geruch/Flavour assoziiert mit der Außenschale von Zitrusfrüchten
Blumig	Geruch/Flavour assoziiert mit Blumen
Alkoholisch	Geruch/Flavour assoziiert mit Alkohol
Kakao	Geruch/Flavour assoziiert mit Kakaobohnen, Kakaopulver und Schokoladeriegeln
Nussig	Geruch/Flavour assoziiert mit gerösteten Nüssen
Geröstet	Geruch/Flavour assoziiert mit zu heiß gerösteten Produkten
Getoastet	Geruch/Flavour assoziiert mit getoasteten Produkten
Gewürze	Geruch/Flavour assoziiert mit braunen Gewürzen (Zimt, Nelken)
Verraucht/Holzig	Geruch/Flavour assoziiert mit brennendem Holz
GESCHMACK	
Süß	Grundgeschmack assoziiert mit Saccharoselösungen
Sauer	Grundgeschmack assoziiert mit Zitronensäurelösungen
Salzig	Grundgeschmack assoziiert mit NaCl-Lösungen
Bitter	Grundgeschmack assoziiert mit Koffeinlösungen
TEXTUR/MUNDGEFÜHL	
Kälte	Thermische Wahrnehmung bei dem ersten Kontakt der

Attribut	Definition
	Eiscreme mit der Zunge, den Zähnen und dem Gaumen
Festigkeit (mit Löffel)	Notwendige Kraft um mit dem Löffel in die Mitte der Eismasse vorzudringen
Festigkeit (oral)	Notwendige Kraft um das Produkt zwischen Zunge und Gaumen zusammenzudrücken
Adhäsivität	Ausmaß, in dem die Eis-Probe an einer der Mundoberflächen, wie Zähne, Zahnfleisch oder Gaumen klebt
Viskosität (oral)	Beurteilung der Fließfähigkeit der Eiscreme nach dem Schmelzen im Mund
Aeration	Ausmaß der Luftbläschen in der Probe
Glattheit	Beurteilung des Vorhandenseins bzw. der Abwesenheit von Partikeln im Mund
Eiskristalle	Beurteilung der wahrgenommenen Anteile an Eiskristallähnlichen Partikeln in der Probe unmittelbar nach dem Platzieren des Produktes im Mund
Fruchtanteil	Anteil von Fruchtstückchen in der Eiscreme im Mund
Elastizität	Kraft, mit der die Probe beim Zusammendrücken zwischen Zunge und Gaumen wieder in den Ausgangszustand (Größe/Form) zurückkehrt
Schmelzbarkeit	Geschwindigkeit mit der das Eis gedrückt zwischen Zunge und Gaumen flüssig wird
Mundbelag	Ausmaß des Belages bzw. Films auf Zunge, Lippen und Gaumen (im Mund)
Körper	Fähigkeit der Eiscreme den Mund zu füllen
Kreideartig	Trockener, puderiger Belag im Mund
Adstringierend	Eindruck einer zusammenziehenden oder kribbelnden Empfindung auf den Oberflächen und/oder Seiten von Zunge und Mund, assoziiert mit Tanninen (z.B. Eindruck nach dem Trinken von schwarzem Tee)

Attribut	Definition
NACHGESCHMACK	
Allgemeiner Nachgeschmack	Intensität des allgemeinen Nachgeschmacks (30 Sekunden nach dem Schlucken)

eigene Darstellung; Literaturquellen: AYYAVOO et al. 2013, CADENA et al. 2012, MAJCHRZAK 2017, MI-JUNG CHOI und KWANG-SOON SHIN 2014, THOMPSON et al. 2009

3.11 Alkoholhaltige Getränke

3.11.1 Wein

Der Saft der Weintraube (*Vitis vinifera*) liefert die Basis für die Herstellung von Wein, der durch Vergärung der Trauben entsteht. Es gibt jene Rebsorten, die weiße (grüne), und jene, die rote (violette) Trauben produzieren, wobei die Arten unter anderem aufgrund ihrer Traubenform und -größe, ihres Aromas/Flavours und Geschmacks sowie ihres Einsatzzwecks variieren (EBERMANN und ELMADFA 2011). Die Vielfalt der in Weinen gefundenen Aromastoffe wird durch die Rebsorte, den Jahrgang, das Terroir, die Anbaubedingungen, die Bedingung bei der Weinlese sowie der Sorgfalt bei der Auswahl der Weintrauben, den Gärvorgang und die Alterung des Weines mitbestimmt. In der Önologie kommt es zu einer Unterteilung der Aromen in (BELITZ et al. 2007, FISCHER et al. 2001):

- ***Primäre Aromen*** – sie werden im Besonderen von der Rebsorte sowie deren Anbaubedingungen geprägt. Die Beeren der meisten Rebsorten sind geschmacklich eher neutral, so dass die sortentypischen Aromen nur in kleinen Anteilen frei (z.B. Ester, Kohlenwasserstoffe, Alkohole, Carbonsäuren und Aldehyde), vor allem aber in Aromavorstufen vorliegen. Hierzu zählen Terpenoid-Glycoside (Linalool, Nerol, Geraniol, α-Terpineol), Carotinoide und Phenole.
- ***Sekundäre Aromen*** – sie bilden sich während der Gärung durch Hefen und Milchsäurebakterien. Diese Aromen sind in den meisten Weinen in ähnlicher Ausprägung zu finden und sorgen für das typische Wein-artige Aroma/Flavour des Getränks.
- ***Tertiäre Aromen*** – sie entwickeln während des Ausbaus im Fass und in der Weinflasche. Dieser langwierige Prozess ist durch die Auswahl des Ausbaus (z.B. Barrique) bestimmt und kann bei einzelnen Weintypen mehrere Jahre andauern.

Auswahl einiger in Wein detektierter Aromen und ihre Assoziationen mit den sensorischen Attributen

Substanz	Attribut
Ethylacetat	Fruchtig, Aceton (Nagellackentferner)
Isoamylacetat	Fruchtig, Banane, Birne

Substanz	Attribut
2-Phenylethylacetat	Blumig, Rose, Geranie, fruchtig, Honig
Isobutylacetat	Fruchtig, Banane
Hexylacetat	Fruchtig, Apfel, Parfüm
Ethylbutanoat	Blumig, fruchtig
Ethylhexanoat	Fruchtig, grüner Apfel
Ethyloktanoat	Seife, Parfüm
Ethyldekanoat	Blumig, Seife
Ethylcinnamat	Fruchtig, Zimt
Propanol	Brennend, stechend
Butanol	Fusel, Spirituose
Isobutanol	Fusel, Spirituose
Isoamylalkohol	Stechend, Aceton (Nagellackentferner)
Hexanol	Grün, grasig
2-Phenylethylalkohol	Blumig, Rose
Acetaldehyd	Apfel, Sherry, nussig
Diacetyl	Butter
Linalool	Blumig, Zitrus, fruchtig, Gewürze
Geraniol	Blumig, Rose, Geranie
Nerol	Rose, Zitrus, Pflaume (AT: Zwetschke)
Citronellol	Zitrone, Limette, fruchtig, Rose
Hotrienol	Blumig
α-Terpineol	Blumig, Flieder, Fichtennadel
Eugenol	Nelke
1-Hexanol	Grasig
Guaiacol	Rauchig, Kork
TCA (2,4,6-Trichloranisol)	Kork, muffig
Geosmin	Kork, muffig

Substanz	Attribut
Buttersäure	Käsig
Hexansäure	Käsig
Octansäure	Käsig, Schweiß
Decansäure	Käsig, chemisch, wachsartig
Essigsäure	Essig
Furaneol	Erdbeere, Ananas, Karamell, geröstet
2-Methyl-1-Propanol	Fusel
3-Methyl-1-Butanol	Fusel
2-Ethyl-3,4,5,6-tetrahydropyridin 2-Acetyl-3,4,5,6,-tetrahydropyridin 2-Acetyl-1,2,5,6-tetrahydropyridin	Mäuselton
ß-Phenylethanol	Rose
Weinlacton	Kokosnuss
4-Vinylphenol	Medizinisch, Verbandsmaterial
4-Vinyl-2-Methoxy-Phenol	Gewürze, Nelken, Apfel

eigene Darstellung; Literaturquellen: BALLESTER et al. 2013, BELITZ et al. 2007, DARICI et al. 2014, ESCUDERO et al. 2007, HERRERO et al. 2016, SÁENZ-NAVAJAS et al. 2015, SAN JUAN et al. 2011, SWIEGERS et al. 2005, WANG et al. 2016

Weinfehler beeinträchtigen Aussehen, Geruch/Flavour und Geschmack des Weines und können, wenn sie nicht rechtzeitig beseitigt werden, zu einem völligen Verderb führen. Dazu zählt z.B. das Braunwerden von Wein (brauner Bruch), das durch die Oxidation phenolischer Verbindungen verursacht wird, jedoch mithilfe schwefliger Säure verhindert werden kann. Die bereits braungewordenen Weine können mit Aktivkohle aufgehellt werden. Kommt es zur Eisentrübung (weißer/grauer Bruch) tritt ein weiß/grauer Schleier im Wein auf, der hauptsächlich aus unlöslichem Eisen(III)-phosphat ($FePO_4$) besteht und durch Einwirkung von Luftsauerstoff aus den im Wein enthaltenen Eisen(II)-verbindungen entstehen kann. Eiweiß, Gerbstoffe oder Pektine können an der Bildung solcher Trübungen beteiligt sein und z.B. zum schwarzen Bruch führen (BELITZ et al. 2007).

Off-Flavour können unterteilt werden in solche,

- die von der Rebsorte hervorgerufen werden (z.B. Erdbeerton)
- die bei der Gärung durch zusätzliche mikrobielle Prozesse gebildet werden (z.B. Medizinton, Mäuselton)

- die während der Weinlagerung und der Alterung in Holzfässern entstehen oder durch Verunreinigungen in den Wein gelangen (z.B. Korkton, Muffton, untypische Alterungsnote) (BELITZ et al. 2007).

Tab 39. Attribute inklusive Definitionen zur sensorischen Evaluierung von Wein (Weißwein und Rotwein)

Attribut	**Definition**
AUSSEHEN	
Farbe	Intensität der Farbe
Klarheit	Grad an Lichtdurchlässigkeit
Glanz	Ausmaß der Lichtreflexion an der Oberfläche
Menge der Sedimente (falls vorhanden)	Menge der Sedimente (Partikel) die im Flascheninhalt frei -schweben oder als Bodensatz zu finden sind
GERUCH/FLAVOUR	
Fruchtig	
Weiße Früchte	
Weintraube	Geruch/Flavour assoziiert mit roten und grünen Weintrauben
Apfel	Geruch/Flavour assoziiert mit frischen Äpfeln
Birne	Geruch/Flavour assoziiert mit frischen Birnen
Quitte	Geruch/Flavour assoziiert mit frischen Quitten
Gelbe Früchte	
Pfirsich	Geruch/Flavour assoziiert mit frischen Pfirsichen
Aprikose	Geruch/Flavour assoziiert mit frischen Aprikosen
Melone	Geruch/Flavour assoziiert mit frischer Honigmelone
Zitrusfrüchte	
Zitrone	Geruch/Flavour assoziiert mit frischen Zitronen
Limette	Geruch/Flavour assoziiert mit frischen Limetten

Attribut	Definition
Orange	Geruch/Flavour assoziiert mit frischen Orangen
Grapefruit	Geruch/Flavour assoziiert mit frischer Grapefruit
Rote Früchte	
Kirsche	Geruch/Flavour assoziiert mit frischen Kirschen
Erdbeere	Geruch/Flavour assoziiert mit frischen Erdbeeren
Himbeere	Geruch/Flavour assoziiert mit frischen Himbeeren
Rote Johannisbeere	Geruch/Flavour assoziiert mit frischen roten Johannisbeeren
Schwarze Früchte	
Schwarze Johannisbeere	Geruch/Flavour assoziiert mit frischen schwarzen Johannisbeeren
Brombeere	Geruch/Flavour assoziiert mit frischen Brombeeren
Heidelbeere	Geruch/Flavour assoziiert mit frischen Heidelbeeren
Pflaume (AT: Zwetschke)	Geruch/Flavour assoziiert mit frischen Pflaumen (AT: Zwetschken)
Holunderbeere	Geruch/Flavour assoziiert mit frischen schwarzen Holunderbeeren
Trockenfrüchte/gekochte Früchte	
Dattel	Geruch/Flavour assoziiert mit getrockneten Datteln
Feige	Geruch/Flavour assoziiert mit getrockneten Feigen
Pflaume (AT: Zwetschke)	Geruch/Flavour assoziiert mit getrockneten Pflaumen (AT: Zwetschken)
Gekochte Früchte	Geruch/Flavour assoziiert mit gekochten Früchten
Exotische Früchte	
Banane	Geruch/Flavour assoziiert mit frischen Bananen

Attribut	Definition
Ananas	Geruch/Flavour assoziiert mit frischer Ananas
Maracuja	Geruch/Flavour assoziiert mit frischer Maracuja
Mango	Geruch/Flavour assoziiert mit frischer Mango
Kokosnuss	Geruch/Flavour assoziiert mit Kokosfleisch
Blumig	
Rose	Geruch/Flavour assoziiert mit Rose
Veilchen	Geruch/Flavour assoziiert mit Veilchen
Jasmin	Geruch/Flavour assoziiert mit Jasminblüte
Geranie	Geruch/Flavour assoziiert mit Geranien
Gewürze	
Fenchel	Geruch/Flavour assoziiert mit Fenchelsamen
Nelke	Geruch/Flavour assoziiert mit Gewürznelken
Vanille	Geruch/Flavour assoziiert mit echten Vanilleschoten
Zimt	Geruch/Flavour assoziiert mit Zimtpulver
Muskatnuss	Geruch/Flavour assoziiert mit Muskatnuss
Ingwer	Geruch/Flavour assoziiert mit frischem Ingwer
Schwarzer Pfeffer	Geruch/Flavour assoziiert mit schwarzen Pfefferkörnern
Gemüse	
Spargel	Geruch/Flavour assoziiert mit Spargel
Grüne Bohnen	Geruch/Flavour assoziiert mit grünen Bohnen
Karfiol	Geruch/Flavour assoziiert mit Karfiol
Kraut	Geruch/Flavour assoziiert mit Kraut

Attribut	Definition
Grüne Paprika	Geruch/Flavour assoziiert mit grünen Paprika, Paprikaschoten
Mais	Geruch/Flavour assoziiert mit Maiskörnern
Oliven	Geruch/Flavour assoziiert mit grünen Oliven
Kräuter	Geruch/Flavour assoziiert mit verschiedenen frischen Kräutern
Milchprodukte	
Milch	Geruch/Flavour assoziiert mit frischer Milch
Butter	Geruch/Flavour assoziiert mit frischer Butter
Sahne	Geruch/Flavour assoziiert mit frischer Sahne
Süßliche Substanzen	
Honig	Geruch/Flavour assoziiert mit Honig
Karamell	Geruch/Flavour assoziiert mit Karamell
Süßigkeiten	Geruch/Flavour assoziiert mit verschiedenen Süßigkeiten wie Bonbons, Gummikonfekt
Kakao	Geruch/Flavour assoziiert mit Kakaobohne, Bitterschokolade
Lakritze	Geruch/Flavour assoziiert mit Lakritze, Anissamen
Nüsse	
Mandeln	Geruch/Flavour assoziiert mit Mandeln
Haselnüsse	Geruch/Flavour assoziiert mit Haselnüssen
Weitere positive Attribute	
Alkoholisch	Geruch/Flavour assoziiert mit Alkohol
Minze	Geruch/Flavour assoziiert mit Minze, Eukalyptus

Attribut	Definition
Grün	Geruch/Flavour assoziiert mit frisch gemähtem Gras
Heu	Geruch/Flavour assoziiert mit trockenem Heu
Holzig	Geruch/Flavour assoziiert mit Wein gelagert in Holz-fässern
Harzig	Geruch/Flavour assoziert mit Baumharz
Malzig	Geruch/Flavour assoziert mit Malz
Leder	Geruch/Flavour assoziiert mit Lederschuhen
Hefe	Geruch/Flavour assoziiert mit frischer Hefe
Geröstet	Geruch/Flavour assoziiert mit gerösteten Nüssen (Haselnüsse, Mandeln, Walnüsse usw.)
Getoastet	Geruch/Flavour assoziiert mit getoastetem Brot
Weitere negative Attribute	
Fusel	Geruch/Flavour assoziiert mit Methylalkohol (Fuselalkoholen)
Kork	Geruch/Flavour assoziiert mit Korkverschluss von Weinflaschen
Milchpulver	Geruch/Flavour assoziiert mit Milchpulver, Molke
Verbrannt	Geruch/Flavour assoziiert mit verbrannten Kaffeebohnen
Rauchig	Geruch/Flavour assoziiert mit Tabakrauch
Überreif/Fermentiert	Geruch/Flavour assoziiert mit überreifen, fermentierten Früchten
Muffig-Erdig	Geruch/Flavour assoziiert mit feuchter Erde, Humus
Schimmelig	Geruch/Flavour assoziiert mit Schimmelwuchs
Ranzig	Geruch/Flavour assoziiert mit oxidierten Fetten

Attribut	Definition
Schwefelig	Geruch/Flavour assoziiert mit fauligen Eiern
Chemisch	Geruch/Flavour assoziiert mit chemischen Substanzen (Aceton, Desinfektionsmittel)
Medizinisch	Geruch/Flavour assoziiert mit Verbandsmaterial
Kartonartig	Geruch/Flavour assoziiert mit Kartonverpackung
Parfümiert	Geruch/Flavour assoziiert mit Parfüm
Essig	Geruch/Flavour assoziiert mit Essig
Pferdeschweiß	Geruch/Flavour assoziiert mit Pferdeschweiß
Käsig	Geruch/Flavour assoziiert mit käsigem Fußgeruch
Wachsartig	Geruch/Flavour assoziert mit Wachskerzen
Kreideartig	Geruch/Flavour assoziiert mit Kreide
GESCHMACK	
Sauer	Grundgeschmack assoziiert mit Zitronensäurelösungen
Süß	Grundgeschmack assoziiert mit Saccharoselösungen
Bitter	Grundgeschmack assoziiert mit Koffeinlösungen
TEXTUR/MUNDGEFÜHL	
Viskosität	Fließfähigkeit der Probe im Mund
Körper	Fähigkeit des Weines den Mund zu füllen
Mundbelag	Ausmaß des Belages bzw. Films auf Zunge, Lippen und Gaumen (im Mund)
Pulverig	Trockener, puderiger Belag auf Zunge und Lippen
Prickelnd	Prickelnder Eindruck auf der Zunge (z.B. nach dem Trinken von Sodawasser)
Wärmend	Wärmender Eindruck in der Mundhöhle

Attribut	Definition
Seifig/Laugig	Beurteilung eines seifigen, schmierigen Mundgefühls auf der Zunge (hoher pH-Wert, alkalisch)
Beißend/Brennend	Beißender, brennender Eindruck auf der Zunge und Mundoberflächen auch nach Entfernen des Reizes; ausgelöst durch Nervus Trigeminus
Adstringierend	Eindruck einer zusammenziehenden oder kribbelnden Empfindung auf den Oberflächen und/oder Seiten von Zunge und Mund, assoziiert mit Tanninen (z.B. Eindruck nach dem Trinken von schwarzem Tee)
NACHGESCHMACK	
Allgemeiner Nachgeschmack	Intensität des allgemeinen Nachgeschmacks (30 Sekunden nach dem Schlucken)

eigene Darstellung; Literaturquellen: BAKER und ROSS 2014, BALLESTER et al. 2013, CAILLÉ et al. 2016, CAMPO et al. 2008, DARICI et al. 2014, ESCUDERO et al. 2007, GALMARINI et al. 2016, HEIN et al. 2008, HERRERO et al. 2016, MCRAE et al. 2013, MEILLON et al. 2009, NAVAJAS et al. 2015, RODRIGUES et al. 2017, SWIEGERS et al. 2005WANG et al. 2016

3.11.2 Bier

Bier ist mit Abstand eines der bekanntesten und beliebtesten Getränke weltweit (BAMFORTH 2004). *„Bier ist ein aus Cerealien, Hopfen und Trinkwasser durch Maischen und Kochen hergestelltes, durch Hefe vergorenes, alkohol- und kohlensäurehaltiges Getränk. Alkoholfreies Bier weist bedingt durch die Anwendung spezieller Verfahren einen Alkoholgehalt von nicht mehr als 0,5 Vol.% auf“* (ÖSTERREICHISCHES LEBENSMITTELBUCH 2017). Im facettenreichen Flavour von Bier kommen über 1000 verschiedene flavouraktive Inhaltsstoffe vor, deren Entstehung im Endprodukt von vielen Faktoren abhängig ist (PARKER 2012). Ein harmonisches Bierflavour erfordert eine gute Balance aus sauren, süßen und bitteren Geschmack sowie Noten von „Hopfen“, „blumig“, „fruchtig“, „nussig“ und „malzig“. Zu den einflussnehmenden Komponenten für die Entstehung des Bierflavours zählen unter anderem organische Säuren, Zuckerarten, Hopfen Bitterstoffe, Dimethylsulfid, Polyphenole, Diketone sowie Carbonylverbindungen. Dimethysulfid zeichnet sich durch ein „süßlich“, „malziges“ und „karamellartiges“ Flavour im Bier aus. Aber auch gemeinsam mit Quercitrin und Diketonen scheint es für ein „schwefelartiges“, „Gemüse-ähnliches“ Flavour sowie für die Adstringenz im Bier verantwortlich zu sein. Diese oben genannten Substanzen können auch Off-Flavournoten wie „ranzig“ und „abgestanden“ verursachen. „Würzeflavour“, auch als „worthy“ Flavour bezeichnet, stellt ein Off-Flavour dar, das im Geschmack

Bierwürze oder auch gekochten Kartoffeln oder Suppe ähnelt (MEILGAARD et al. 1979, PERPÉTE et al. 2003). Die Entstehung von Worty-Off-Flavour verursachen Carbonylprodukte wie 3-Methylbutanal, 2-Methylbutanal, besonderes aber das 3-Methylthiopropionaldehyd, auch als Methional bekannt. Diese chemischen Verbindungen werden durch Hefen im Gärprozess abgebaut und sollten in alkoholhaltigen Bieren nicht vorhanden sein, es sei denn, es gibt Fehler im Gärungsprozess (PERPÈTE et al. 2003). Hauptverantwortlich für „fruchtige“ Flavournoten nach Zitrus, Apfel, Banane, Melone, Birne, Erdbeere, Himbeere oder schwarze Johannisbeere im Bier sind verschiedene Ester, die während der Fermentation des Bieres gebildet werden (z.B. für das Flavour von Banane oder Birne ist Iso-Amylacetat, für Apfel Flavour Ethyl-n-Hexanoat verantwortlich) (TAYLOR und ORGAN 2009). Die Bildung der Ester ist von vielen Umständen abhängig, wie dem eingesetzten Hefestamm, dem Gesundheitszustand und der Aktivität der Hefen, der Maischetemperatur (bei höheren Temperaturen entstehen weniger Ester), dem Sauerstoffgehalt während der Fermentation (bei hohen Sauerstoffgehalten entstehen weniger Ester) oder der Sättigung der Würze (bei hoher Sättigung entstehen mehr Ester). Auch der Zeitpunkt der Hopfung spielt eine Rolle, da bei einer Fermentation ohne Hopfensubstanzen mehr Ester entstehen (TAYLOR und ORGAN 2009). Die Malzigkeit zählt zu den positiven Flavourattributen eines Bieres und ist daher in der Biermatrix erwünscht (HUGHES 2008). Sie verleiht dem Bier seine getreideartige, cerealienartige Note. Die Ausprägung dieses Attributs im Bier wird stark von der verwendeten Malzart, aber auch von der Malzmenge beeinflusst (TAYLOR und ORGAN 2009, MEILGAARD et al. 1979). Diese Eigenschaft kann durch eine Vielzahl von verschiedenen Malzarten erzeugt werden, die sowohl in den verwendeten Getreidearten als auch in den Herstellungsabläufen unterschieden werden (HANGHOFER 1999). Zu den Inhaltsstoffen, die für die Bitterkeit eines Bieres wesentlich sind, gehören die beiden Hopfenbittersäuren (TAYLOR und ORGAN 2009), die α-Säuren, die auch Humulone genannt werden und die β-Säuren, die auch als Lupulone bekannt sind. Die α-Säuren werden während des Brauprozesses in Iso-α-Säuren (IAA) umgewandelt und diese stellen den Hauptanteil der Hopfenbittersäuren im Bier dar. α-Säuren, Iso-α-Säuren und β-Säuren lassen sich in herkömmlichen Lösungsmitteln wie Ethanol oder Methanol besser lösen als in Wasser. Daher gibt es ein Zusammenhang zwischen der Bitterkeit eines Bieres und dem Ethanolgehalt (ARRIETA et al. 2010). Abhängig vom pH-Wert, d.h. der Anwesenheit von Säuren (etwa Brenztraubensäure, Apfelsäure, Essigsäure, Milchsäure oder Bernsteinsäure) wird das Bier mehr oder weniger adstringierend. Mit steigendem pH-Wert des Bieres, nimmt die Anzahl an H+Ionen ab und umso geringer wird die Adstringenz, während umgekehrt eine erkennbare Adstringenz in sauren Bieren zu bemerken ist (FRANCOIS et al. 2006). Polyphenole können ebenso zu einer erhöhten Adstringenz sowie einem „herben“ Flavour beitragen. Das Bieraroma/–flavour wird auch beeinflusst durch die verwendeten Rohmaterialien, einzelne Schritte sowie Bedingungen während des Brauprozesses wie Temperatur, Druck, u.a., der Verpackung und den Lagerungsbedingungen (PARKER 2012). Durch die 1979 stattfindende Zusammenarbeit der „European Brewery Convention“, der „American Society of Brewing Chemists“ (das jetzige „Institute of Brewing and Destilling") und der „Master Brewers Association of the Americans" wurde die "Beer Flavour Terminology" entwickelt. Diese ist bis heute gültig und dient als international anerkannter Standard, der eine effektive Kommunikation innerhalb der Brauindustrie gewährleistet, die einzelnen Flavour-Noten im Bier zu unterteilen und zu benennen. Zusätzlich trägt ein Aromarad zur Beer-Flavour-Terminology bei (MEILGAARD et al. 1979).

Tab 40. Attribute inklusive Definitionen zur sensorischen Evaluierung von Bier (alkoholhaltig, alkoholreduziert und alkoholfrei)

Attribut	**Definition**
AUSSEHEN	
Farbe	Intensität der Farbe
Klarheit	Grad an Lichtdurchlässigkeit
Glanz	Ausmaß der Lichtreflexion an der Bieroberfläche
Kohlensäurebläschen	Dichte der vorhandenen Kohlensäurebläschen des Produktes im Glas
Menge der Sedimente (falls vorhanden)	Menge der Sedimente (Partikel) die im Flascheninhalt frei schweben oder als Bodensatz zu finden sind
GERUCH/FLAVOUR	
Hopfen	Geruch/Flavour assoziiert mit frischen Hopfenblüten
Fruchtig	Geruch/Flavour assoziiert mit frischen Früchten
Blumig	Geruch/Flavour assoziiert mit Blumen
Malzig	Geruch/Flavour assoziiert mit Malz
Gewürze	Geruch/Flavour assoziiert mit braunen Gewürzen (Zimt, Muskatnuss, Nelke)
Hefe	Geruch/Flavour assoziiert mit frischer Hefe
Alkoholisch	Geruch/Flavour assoziiert mit Alkohol
Weinähnlich	Geruch/Flavour assoziiert mit Wein
Karamell	Geruch/Flavour assoziiert mit karamellisiertem Zucker
Nussig	Geruch/Flavour assoziiert mit frischen Nüssen

Attribut	Definition
Harzig	Geruch/Flavour assoziiert mit Baumharz
Grün	Geruch/Flavour assoziiert mit frisch gemähtem Gras
Heuartig	Geruch/Flavour assoziiert mit getrocknetem Gras, Heu
Getreideartig	Geruch/Flavour assoziiert mit gemahlenen und gerösteten Getreidekörnern
Würze	Geruch/Flavour assoziiert mit frischer, unvergorener Bierwürze oder mit gekochten Kartoffeln, Suppe
Chemisch	Geruch/Flavour assoziiert mit verschiedenen chemischen Substanzen
Plastik	Geruch/Flavour assoziiert mit Plastiktüten
Verbrannt	Geruch/Flavour assoziiert mit zu lange gebackenen Getreideprodukten, Rauch
Fettig/Ölig	Geruch/Flavour assoziiert mit Fetten, Pflanzenölen
Ranzig	Geruch/Flavour assoziiert mit oxidierten Fetten
Schwefelartig	Geruch/Flavour assoziiert mit Eiern
Gemüse	Geruch/Flavour assoziiert mit gekochtem Gemüse wie Sellerie, Kraut, Zwiebel
Muffig/Erdig	Geruch/Flavour assoziiert mit feuchter Erde, Humus
Schimmelig	Geruch/Flavour assoziiert mit Schimmelbewuchs
Papier/Kartonartig	Geruch/Flavour assoziiert mit Papier-, Kartonverpackungen
Säuerlich	Geruch/Flavour assoziiert mit verschiedenen sauren Substanzen (Essig, Milchsäure)
Süßlich	Geruch/Flavour assoziiert mit verschiedenen süßen Substanzen (Honig, Marmelade)
Metallisch	Geruch/Flavour assoziiert mit einer wässrigen Eisensulfat-Lösung (Metalldosen, Münzen)

Attribut	Definition
GESCHMACK	
Bitter	Grundgeschmack assoziiert mit Koffeinlösungen
Salzig	Grundgeschmack assoziiert mit NaCl-Lösungen
Sauer	Grundgeschmack assoziiert mit Zitronensäurelösungen
Süß	Grundgeschmack assoziiert mit Saccharoselösungen
TEXTUR/MUNDGEFÜHL	
Körper	Fähigkeit des Bieres den Mund zu füllen
Seifig/ Laugig	Beurteilung eines seifigen, schmierigen Mundgefühls auf der Zunge (hoher pH-Wert, alkalisch)
Mundbelag	Ausmaß des Belages bzw. Films auf Zunge, Lippen und Gaumen (im Mund)
Pulverig	Trockener, puderiger Belag auf Zunge und Lippen
Prickelnd	Prickelnder Eindruck auf der Zunge (z.B. nach dem Trinken von Sodawasser)
Wärmend	Wärmender Eindruck in der Mundhöhle, wie von Alkohol
Adstringierend	Eindruck einer zusammenziehenden oder kribbelnden Empfindung auf den Oberflächen und/oder Seiten von Zunge und Mund, assoziiert mit Tanninen (z.B. Eindruck nach dem Trinken von schwarzem Tee)
NACHGESCHMACK	
Allgemeiner Nachgeschmack	Intensität des allgemeinen Nachgeschmacks (30 Sekunden nach dem Schlucken)

eigene Darstellung; Literaturquellen: MEILGAARD et al. 1979, MISSBACH et al. 2017, SULZNER 2016

3.11.3 Spirituosen

Laut österreichischem Lebensmittelbuch sind „*Spirituosen alle zum menschlichen Genuss bestimmten Getränke, in denen aus vergorenen zuckerhaltigen Stoffen oder aus in Zuckern umgewandelten und vergorenen Stoffen durch Brennverfahren gewonnener Alkohol als ein wertbestimmender Bestandteil enthalten ist, deren Mindestalkoholgehalt – vorbehaltlich abweichender Regelungen – 15 %vol. beträgt*" (ÖSTERREICHISCHES LEBENSMITTELBUCH 2015). Die Spirituosen können grob in Branntweine und Liköre eingeteilt werden. Branntweine werden durch Destillation von Maischen hergestellt, während Liköre (Sprit) durch Alkoholgärung aus Getreide, Kartoffeln, Zuckerrohr und Melasse produziert werden (EBERMANN und ELMADFA 2011). Ebenso wie bei Bier, wurden für die sensorische Beschreibung verschiedener Spirituosen (wie beispielsweise Gin, Whiskey, Wodka, Rum, Cognac) Aromaräder entwickelt. Je nach Art, Herstellungsmethode, Dauer der Lagerung usw. können sich die Spirituosen sehr voneinander unterscheiden. Gin zeichnet sich durch ein klares, farblos, transparentes Aussehen sowie eine höhere Intensität in Aroma- und Flavournoten nach Kräuter und Gewürze wie Wacholder, Anis, Fenchel und Zitrusfrüchten (Orange, Zitrone, Grapefruit) aus (GIN FOUNDRY 2014). Während sich Whiskey unter anderem mit einem goldenen, hellen bis dunklen Bernstein Farbton sowie einem „rauchig", „erdig", „grasig", „nussigem" Geruch/Flavour nach Bitterschokolade, Trockenfrüchten, Orangenschale, Tabak, Holz, Honig und Getreide beschreiben lässt (LEE at al. 2001).

Tab 41. Attribute inklusive Definitionen zur sensorischen Evaluierung von Spirituosen (Branntweine und Liköre)

Attribut	**Definition**
AUSSEHEN	
Transparenz	Grad an Lichtdurchlässigkeit
Glanz	Ausmaß der Lichtreflexion an der Oberfläche
GERUCH/FLAVOUR	
Alkoholisch	Geruch/Flavour assoziiert mit Alkohol
Fruchtig	Geruch/Flavour assoziiert mit frischen Früchten
Zitrus	Geruch/Flavour assoziiert mit Zitrusfrüchten
Beeren	Geruch/Flavour assoziiert mit Brombeeren, Himbeeren, Erdbeeren
Exotische Früchte	Geruch/Flavour assoziiert mit Ananas, Banane, Kiwi,…
Steinfrüchte	Geruch/Flavour assoziiert mit Aprikose, Pfirsich, Pflaume
Kernobst	Geruch/Flavour assoziiert mit Apfel, Birne
Trockenfrüchte	Geruch/Flavour assoziiert mit Rosinen, getrockneten Feigen, Pflaumen

Attribut	Definition
Blumig	Geruch/Flavour assoziiert mit Blumen
Getreideartig	Geruch/Flavour assoziiert mit gemahlenen und gerösteten Getreidekörnern
Grün	Geruch/Flavour assoziiert mit frisch gemähtem Gras
Heuartig	Geruch/Flavour assoziiert mit getrocknetem Gras, Heu
Minzeartig	Geruch/Flavour assoziiert mit frischer Minze
Bohnenartig	Geruch/Flavour assoziiert mit grünen Bohnen
Pilze	Geruch/Flavour assoziiert mit frischen Pilzen
Hefe	Geruch/Flavour assoziiert mit frischer Hefe
Säuerlich	Geruch/Flavour assoziiert mit Milchsäure, Sauerkraut
Holzig	Geruch/Flavour assoziiert mit Bauholz, Sägespänen
Gewürze	Geruch/Flavour assoziiert mit braunen Gewürzen wie Zimt, Muskatnuss, Nelke
Anis	Geruch/Flavour assoziiert mit Anissamen, Lakritze
Pfeffer	Geruch/Flavour assoziiert mit schwarzem gemahlenen Pfeffer
Geröstet	Geruch assoziiert mit gerösteten Kaffeebohnen
Malzig	Geruch/Flavour assoziiert mit Malz
Karamell	Geruch/Flavour assoziiert mit karamellisiertem Zucker
Nussig	Geruch/Flavour assoziiert mit frischen Nüssen
Süßweine	Geruch/Flavour assoziiert mit Süßweinen wie Sherry, Portwein
Chemisch	Geruch/Flavour assoziiert mit verschiedenen chemischen Substanzen
Seifig	Geruch/Flavour assoziiert mit unparfümierter Seife

Attribut	Definition
Fischig	Geruch/Flavour assoziiert mit altem Fisch
Plastik	Geruch/Flavour assoziiert mit Plastiktüten
Gummiartig	Geruch/Flavour assoziiert mit Gummibändern, Radiergummi
Papier/Kartonartig	Geruch/Flavour assoziiert mit Papier-, Karton-verpackungen
Verbrannt	Geruch assoziiert mit verbrannten Tabak, Kaffeebohnen
Animalisch	Geruch/Flavour assoziiert mit einem Tierstall
Moschusartig	Geruch assoziiert mit billigem Parfüm, Weihrauch
Wachsartig	Geruch assoziiert mit Wachskerzen
Muffig/Erdig	Geruch/Flavour assoziiert mit feuchter Erde, Humus
Ranzig	Geruch/Flavour assoziiert mit oxidierten Fetten
Schimmelig	Geruch/Flavour assoziiert mit Schimmelbewuchs
Metallisch	Geruch/Flavour assoziiert mit einer wässrigen Eisensulfat-Lösung (Metalldosen, Münzen)
GESCHMACK	
Bitter	Grundgeschmack assoziiert mit Koffeinlösungen
Salzig	Grundgeschmack assoziiert mit NaCl-Lösungen
Sauer	Grundgeschmack assoziiert mit Zitronensäurelösungen
Süß	Grundgeschmack assoziiert mit Saccharoselösungen
TEXTUR/MUNDGEFÜHL	
Körper	Fähigkeit der Spirituose den Mund zu füllen
Prickelnd	Prickelnder Eindruck auf der Zunge (z.B. nach dem Trinken von Sodawasser)
Kühlend	Kühlender Eindruck in der Mundhöhle, wie von Menthol

Attribut	Definition
Wärmend	Wärmender Eindruck in der Mundhöhle, wie von Alkohol
Beißend/Brennend	Beißender, brennender Eindruck auf der Zunge und Mundoberflächen auch nach Entfernen des Reizes; ausgelöst durch Nervus Trigeminus
Adstringierend	Eindruck einer zusammenziehenden oder kribbelnden Empfindung auf den Oberflächen und/oder Seiten von Zunge und Mund, assoziiert mit Tanninen (z.B. Eindruck nach dem Trinken von schwarzem Tee)
NACHGESCHMACK	
Allgemeiner Nachgeschmack	Intensität des allgemeinen Nachgeschmacks (30 Sekunden nach dem Schlucken)

eigene Darstellung; Literaturquellen: GIN FOUNDRY 2014, LEE et al. 2001, MC DONNELL et al. 2001, MACLEAN 2000

3.12 Erfrischungsgetränke

3.12.1 Mineralwasser

Die Weltgesundheitsorganisation beschreibt „Trinkwasser" als „verwendbar für den menschlichen Verzehr und für gewöhnliche heimische Zwecke inklusive persönlicher Hygiene" (WHO 2017). Bezugnehmend auf diese Aussage, kann angenommen werden, dass „gutes Trinkwasser" (Leitungs- und Mineralwasser) einen sensorisch neutralen Charakter aufweisen sollte. Als eine Konsequenz daraus fokussieren sich die meisten sensorischen Analysen von Mineralwasser auf Off-Geruch/Flavour. In den meisten Fällen können diese effektiv mit analytischen Methoden gemessen werden. Nichtsdestotrotz weisen manche chemische Verbindungen, die für sensorische Fehler in Produkten verantwortlich sind, sehr niedrige Schwellenwerte auf. Hier zeigten sich Messungen mithilfe der menschlichen Sinne als sensibler und ausgeprägter als jene mit analytischen Geräten. Mineralwassersorten, die als „neutral" (d.h. nicht zu bitter, zu sauer und zu salzig) und erfrischend wahrgenommen werden schneiden am besten ab und zeichnen sich durch einen mittleren Mineralisierungsgrad aus (MAJCHRZAK 2015, TEILLET et al. 2010). Calcium- und Magnesiumsalze (-chlorid, -sulfat) werden hauptsächlich als bitter-schmeckend charakterisiert. Zusätzlich können diese Verbindungen salzige, metallische, adstringierende, saure und süße Empfindungen hervorrufen. Natrium und Chlorid führen als Verbindung (Natriumchlorid) zu einem salzigen Geschmack und es ist bekannt, dass Natriumchlorid in höheren Konzentrationen den bitteren Geschmack (z.B. von Calciumchlorid) maskieren kann (LAWLESS et al. 2003). Der unterschiedliche Gehalt an Kohlensäure charakterisiert auch das sensorische Profil eines Mineralwassers (YAU und McDANIEL 2006).

Tab 42. Attribute inklusive Definitionen zur sensorischen Evaluierung von Mineralwasser

Attribut	Definition
AUSSEHEN	
Transparenz/Klarheit	Grad an Lichtdurchlässigkeit
Glanz	Ausmaß der Lichtreflexion an der Oberfläche
Kohlensäurebläschen	Dichte der vorhandenen Kohlensäurebläschen des Produktes im Glas
Menge der Sedimente (falls vorhanden)	Menge der Sedimente (Partikel) die im Flascheninhalt frei schweben oder als Bodensatz zu finden sind
GERUCH/FLAVOUR	
Allgemein	Gesamtintensität, ortho- und retronasal wahrgenommener Eindrücke
Süßlich	Geruch/Flavour assoziiert mit süßen Substanzen
Fruchtig	Geruch/Flavour assoziiert mit verschiedenen Früchten
Gewürze	Geruch/Flavour assoziiert mit verschiedenen Gewürzen (Zimt, Nelke, Muskatnuss)
Säuerlich	Geruch/Flavour assoziiert mit sauren Substanzen
Metallisch	Geruch/Flavour assoziiert mit einer wässrigen Eisen-sulfat-Lösung (Metalldosen, Münzen)
Chemisch	Geruch/Flavour assoziiert mit chemischen Komponenten wie Chlor, Ammoniak, Aldehyde usw.
Plastik	Geruch/Flavour assoziiert mit PET Flaschen und Ver-packungsmaterial
Medizinisch	Geruch/Flavour assoziiert mit Antiseptika oder Des-infektionsmittel
Schwefel	Geruch/Flavour assoziiert mit Schwefel, Streichholz, faulige Eiern
Erdig-Muffig	Geruch/Flavour assoziiert mit feuchter Erde, Humus
GESCHMACK	
Bitter	Grundgeschmack assoziiert mit Koffeinlösungen
Salzig	Grundgeschmack assoziiert mit NaCl-Lösungen

Attribut	Definition
Sauer	Grundgeschmack assoziiert mit Zitronensäurelösungen
Süß	Grundgeschmack assoziiert mit Saccharoselösungen
Umami	Grundgeschmack assoziiert mit Mononatriumglutamat-Lösungen
TEXTUR/MUNDGEFÜHL	
Prickelnd	Prickelnder Eindruck auf der Zunge, verursacht durch enthaltenen CO_2
Erfrischend	Chemesthetischer Eindruck von Frische in der Mundhöhle (bsp. Minze)
Luftbläschen	Anzahl der Luftbläschen im Mineralwasser
Seifig bzw. laugig	Beurteilung eines seifigen, schmierigen Mundgefühls auf der Zunge (hoher pH-Wert, alkalisch)
Kalkig/Pudrig	Ausmaß eines trockenen, pudrigen Mundgefühls nach dem Schlucken
Adstringierend	Eindruck einer zusammenziehenden oder kribbelnden Empfindung auf den Oberflächen und/oder Seiten von Zunge und Mund, assoziiert mit Tanninen (z.B. Eindruck nach dem Trinken von schwarzem Tee)
NACHGESCHMACK	
Allgemeiner Nachgeschmack	Intensität des allgemeinen Nachgeschmacks (30 Sekunden nach dem Schlucken)

eigene Darstellung; Literaturquellen: MAJCHRZAK 2015, REY-SALGUEIRO et al. 2013, SIPOS 2011, SIPOS et al. 2012

3.13 Kakaoerzeugnisse

3.13.1 Milch- und Dunkle Schokolade

Das Österreichische Lebensmittelbuch definiert unter dem Sammelbegriff „Schokoladen" Erzeugnisse, die aus Kakaomasse, Kakaopulver, fettarmen oder magerem Kakaopulver, Zucker (Saccharose) und mit oder ohne Zugabe von Kakaobutter hergestellt werden. Sie müssen mindestens 35 % Gesamtkakaotrockenmasse, mindestens 14 % fettfreie Kakaotrockenmasse und mindestens 18 % Kakaobutter enthalten. Statt

Zucker kann bei der Produktion auch Traubenzucker (Dextrose), Fruktose, Laktose oder Maltose verwendet werden. Weiters ist der Zusatz von maximal 5 % Pflanzenfett (sofern auf der Verpackung gekennzeichnet), 0,5 % Lecithinen und Ammoniumsalzen von Phosphatidsäuren, sowie Aromen zulässig (ÖSTERREICHICHES LEBENSMITTELBUCH 2017). Die eigentlichen Erfinder der Schokolade waren die Mayas, die sie als warmes Getränk in diversen Variationen zubereiteten. Danach waren es die Azteken, die das Schokoladengetränk herstellten. Von ihnen stammt auch das Wort „cacao". Für die spanischen Eroberer war die Schokolade als „Heilmittel" bzw. Medikament, assoziiert mit verdauungsfördernder, anregender und aphrodisierenden Wirkung (CEO und CEO 1997). Allgemein lässt sich laut Österreichischem Lebensmittelbuch zwischen Kochschokolade, Dunkler Schokolade, Milchschokolade und weißer Schokolade unterscheiden. Kochschokolade enthält 33–60% Kakaomasse, rund 15% Kakaobutter und 40–60% Zucker, während sich Milchschokolade aus 10–35% Kakaomasse, 9–25% Trockenmilch, 12–25% Kakaobutter sowie 30–60% Zucker zusammensetzt. Der Polyphenol-(Flavonoid-) Gehalt ist am höchsten in Edelbitterschokoladen und am geringsten in Milchschokoladen (EBERMANN und ELMADFA 2011). Der hohe Kakaogehalt der Bitterschokolade dominiert die sensorischen Eigenschaften. Im Geschmack ist sie erst süß, wird dann deutlich bitter. Selbst Tafeln mit 100 Prozent Kakao können süße Noten aufweisen. Bitterschokolade liegt vollmundig auf der Zunge, der Nachgeschmack hält lange an. Die individuellen Merkmale wie z.B. blumig, kaffeeartig, sauer, rauchig sind meist mit der Kakaosorte oder Röstung assoziiert. Eine Säure fruchtiger Art ist kakaotypisch. Fällt sie aggressiv aus, handelt es sich wie bei Fremdnoten nach Karton und ranzigen Eindrücke nach oxidierten Fetten um Fehler. Die sensorische Qualität von Schokolade hängt somit nicht nur von der Kakaobohnensorte sowie dem Herkunftsland der Bohnen ab, sondern auch von einer Vielzahl an Verarbeitungsschritten (z.B. Fermentation, Trocknung, Röstung) während der Herstellung. Diese können einen entscheidenden Einfluss auf die Farbe und Oberflächenbeschaffenheit der Schokolade haben. Falsche Lagerung oder unsachgemäße Vorkristallisierung können beispielsweise die Entstehung von „Fettreif" („fat bloom") begünstigen. Dieser entsteht, wenn sich flüssiges Fett bei höheren Temperaturen (über 30 °C) an der Oberfläche absondert. Beim erneuten Erstarren bilden sich dadurch weißgraue Flecken (BELITZ et al. 2008). „Fettreif" ist allerdings völlig unbedenklich, beeinträchtigt die Qualität der Schokolade nicht und kann durch den Zusatz der Pflanzenfette verringert werden (BERGHOFER 2000). Das typische Kakaoaroma entsteht durch eine große Anzahl an verschiedenen Verbindungen – in Röstkakao sind bisher über 500 identifiziert, die hauptsächlich aus der Maillard-Reaktion (nicht enzymatische Bräunungsreaktion) stammen. Wichtige Aromakomponenten entstehen aus Pyrazinen (Methylpyrazine), Dioxopiperazinen, Pyrrolen, Pyridinen, Phenolen, Aldehyden bzw. schwefelhaltigen Verbindungen (FRANZKE 1996). Als Aromastoffe finden sich weiters aliphatische Ester, wie Propylacetat, Amylacetat, Amylbutyrat und Isobutylacetat, Alkohole wie Linalool, Amylalkohol sowie Furfurylalkohol und das Keton Methylheptenon (EBERMANN und ELMADFA 2008). Der Geschmack bzw. das Flavour der unterschiedlichen Schokoladensorten ist bedingt durch die Röstdauer der Bohnen, wobei

Zeit und Temperatur wichtige Parameter darstellen. Verbrennungen müssen unbedingt vermieden werden (MORTON und MORTON 1995). Als eine optimale Rösttemperatur und Röstdauer der Kakaobohne ergaben sich 150°C und 30 Minuten. Diese Parameter sorgten für die niedrigste Adstringenz und Bitterkeit sowie den am geringsten ausgeprägten sauren Geschmack und angebranntem Flavour. Die gleiche Temperatur war auch für die optimale Entfaltung des Kakaogeruchs günstig (RAMLI et al 2006). Die typische Farbe Kakaorot bzw. –braun sowie der herb-bittere Kakaogeschmack entstehen in der fermentierten Kakaobohne durch die Umwandlung der Polyphenole in Anwesenheit von Glycosidasen und Polyphenoloxidasen. Für den bitteren Geschmack sind weiters noch Theobromin und Koffein sowie Diketopiperazine verantwortlich (FRANZKE 1996). Der saure Geschmack wird durch den Säureentzug während der Röstung und späterem Conchieren gelindert (BECKETT 2008). Eine geconchte Schokolade wird generell als zarter und weniger bitter beschrieben als eine ungeconchte (DIMICK und HOSKIN 1999). Das Conchieren hat auch Einfluss auf den Geschmack sowie Geruch und Textur. In der unten stehen Tabelle werden Verbindungen dargestellt, die die sensorischen Eigenschaften der Kakaonibs beeinflussen können.

Beitrag verschiedener chemischer Verbindungen zum bitteren und sauren Geschmack sowie Adstringenz von Kakaonibs

Chemische Verbindung	**Geschmack bzw. Mundgefühl**
Theobromin	bitter
Koffein	bitter
Diketopiperazine	bitter
cis-cyclo (L-Pro-L-Val)	bitter
cis-cyclo (L-Val-L-Leu)	bitter
cis-cyclo (L-Ala-L-Ile)	bitter
cis-cyclo (L-Ile-L-Pro)	bitter
Flavan-3-ole	bitter und adstringierend
Zitronensäure	sauer
Essigsäure	sauer
Bernsteinsäure	sauer
Äpfelsäure	sauer
N-Phenylpropenoyl-L-Aminosäuren	adstringierend
Flavonol-Glykoside	adstringierend

N-[3',4'-Dihydroxy-(E)-cinnamoyl]-3-hydroxy-L-tyrosin	adstringierend
(-)-Epicatechin	adstringierend
Quercetin-3-0-β-D-glucopyranosid	adstringierend
Quercetin-3-0-β-D-galactopyranosid	adstringierend
γ-Aminobuttersäure	adstringierend

eigene Darstellung; Literaturquellen: BELITZ et al. 2008, STARK et al. 2006

Weitere sensorische Schlüsselverbindungen von gerösteten Kakaonibs sind neben jenen in obenstehender Tabelle noch β-Aminoisobuttersäure und organische Säuren. Unter bestimmten Voraussetzungen kann die Intensität des bitteren Geschmacks durch Wechselwirkungen von Theobromin mit Diketopiperazinen gesteigert werden (BELITZ et al 2008, STARK et al 2006). Der hohe Polyphenolgehalt erhöht einerseits die Adstringenz und Bitterkeit der Kakaomasse signifikant, verringert andererseits aber das Kakao-Flavour und die Viskosität. Der Rückgang im Kakao-Flavour ist möglicherweise auf die wenig intensiven Geschmacks-/Flavourkomponenten in der Kakaomasse und/oder durch Maskierung des bitteren Geschmacks bzw. der Adstringenz zurückzuführen. Keine Auswirkungen haben Polyphenole auf den sauren Geschmack und die fruchtigen und erdigen Flavournoten der Kakaomasse (MISNAWI et al 2004). Die Schmelzeigenschaften sowie Härte/Festigkeit von flüssiger Schokolade sind von entscheidender Bedeutung, wobei es ganz besonders nach dem Schmelzen der Schokolade auf die Partikelgröße ankommt. Da die Viskosität dafür verantwortlich ist, wie lange die gelösten Partikel benötigen um zu den Rezeptoren der Zunge zu gelangen,

wird diese beim Conchieren gezielt durch die Beigabe von Kakaobutter bzw. Lecithin positiv beeinflusst. Die Partikelgröße spielt eine entscheidende Rolle bei der Entwicklung einer glatten bzw. körnigen Textur, wirkt sich aber auch auf den Geruch, die Farbe und den Oberflächenglanz der Schokolade aus. Durch die schmelzende Eigenschaft der Kakaobutter kommt es zur Verflüssigung der Schokolade im Mund, was die Wahrnehmung von Geschmacks- und Geruchs-/Flavourattributen begünstigt (BECKETT 2008).

Tab 43. Attribute inklusive Definitionen zur sensorischen Evaluierung von Milchschokolade und Dunkler Schokolade

Attribut	**Definition**
AUSSEHEN	
Farbe	Intensität der braunen Farbe der Schokolade
Gleichmäßigkeit der Farbe	Gleichmäßige Verteilung der Farbe auf der Schokolade

Attribut	Definition
Farbglanz	Intensität des Glanzes, Reflektieren des Lichtes in eine Richtung
Glattheit (optisch)	Glatte Oberfläche ohne sichtbare Partikel, Körner oder Unebenheiten
Fat bloom (Fettreif)	Visueller Defekt, der sich nach einiger Zeit auf der Schokoladenoberfläche entwickelt. Zu erkennen an einer sehr dünnen Schicht von Fettkristallen an der Oberfläche der Schokolade wodurch sie ihren Glanz verliert und ein fleckiger, weicher, weißer Belag entsteht
GERUCH/FLAVOUR	
Allgemein	Gesamtintensität, ortho- und retronasal wahrgenommener Eindrücke
Kakao	Geruch/Flavour assoziiert mit Kakaopulver
Röstung	Geruch/Flavour assoziiert mit gerösteten Kakaobohnen
Kaffee	Geruch/Flavour assoziiert mit gerösteten Kaffeebohnen
Fruchtig	Geruch/Flavour assoziiert mit verschiedenen Früchten
Zitrusartig	Geruch/Flavour assoziiert mit Zitrusfrüchten
Gewürze	Geruch/Flavour assoziiert mit braunen Gewürzen (Zimt, Nelke, Muskatnuss)
Holzig	Geruch/Flavour assoziiert mit frisch geschnittenem Holz, Sägespäne
Minzig	Geruch/Flavour assoziiert mit Minze, Menthol
Vanille	Geruch/Flavour assoziiert mit echter Bourbonvanille
Fettig	Geruch/Flavour assoziiert mit Milchfett
Kondensmilch	Geruch/Flavour assoziiert mit Kondensmilch
Ölig	Geruch/Flavour assoziiert mit Pflanzenölen
Karamell	Geruch/Flavour assoziiert mit Karamell

Attribut	Definition
Nussig	Geruch/Flavour assoziiert mit gerösteten Nüssen
Alkoholisch	Geruch/Flavour assoziiert mit Spirituosen
Säuerlich	Geruch/Flavour assoziiert mit verschiedenen sauren Substanzen wie Milchsäure, Essig
Erdig	Geruch/Flavour assoziiert mit feuchter Erde, Humus
Rauchig	Geruch/Flavour assoziiert mit glühender Asche, Tabak
Kartonartig	Geruch/Flavour assoziiert mit Papier-, Karton-verpackungen
Moderig/Muffig	Geruch/Flavour assoziiert mit alten Büchern, Dachböden
Ranzig	Geruch/Flavour assoziiert mit oxidierten Fetten
GESCHMACK	
Süß	Grundgeschmack assoziiert mit Saccharoselösungen
Bitter	Grundgeschmack assoziiert mit Koffeinlösungen
Sauer (bei Dunkelschokolade)	Grundgeschmack assoziiert mit Zitronensäurelösungen
TEXTUR/MUNDGEFÜHL	
Bruchhärte	Beschreibt die Kraft, die zum Zerbeißen des ersten Stücks Schokolade mit den Schneiderzähnen benötigt wird
Glattheit	Vorhandensein bzw. Abwesenheit von Partikeln während des Kauens der Schokolade
Homogenität	Gleichmäßigkeit der Verteilung von Partikeln im Mundwährend des Kauens der Schokolade; Produkt mit einheitlicher Konsistenz ist homogen
Schmelzgeschwindigkeit	Zeit bis die feste Schokolade durch die Bewegungen der Zunge flüssig wird
Viskosität	Fließfähigkeit des Produktes im Mund

Attribut	Definition
Schluckbarkeit	Glatte, reibungslose Schluckbarkeit
Adhäsivität	Grad mit der die Schokolade an den Backenzähnen anhaftet
Erfrischend	Chemesthetischer Eindruck von Frische in der Mundhöhle (bsp. Minze)
Mundbelag	Ausmaß des Belages bzw. Films auf Zunge, Lippen und Gaumen (im Mund)
Beißend/Brennend	Beißender, brennender Eindruck auf der Zunge und Mundoberflächen auch nach Entfernen des Reizes; ausgelöst durch Nervus Trigeminus
Adstringierend	Eindruck einer zusammenziehenden oder kribbelnden Empfindung auf den Oberflächen und/oder Seiten von Zunge und Mund, assoziiert mit Tanninen (z.B. Eindruck nach dem Trinken von schwarzem Tee)
NACHGESCHMACK	
Allgemeiner Nachgeschmack	Intensität des allgemeinen Nachgeschmacks (30 Sekunden nach dem Schlucken)

eigene Darstellung; Literaturquellen: BÖHM 2010, DE MELO et al. 2009, GUINARD und MAZZUCCHELLI 1999, MAJCHRZAK 2015, SUNE et al. 2002, THAMKE et al. 2009, WENDELIN 2007

3.14 Kaffee und Tee

3.14.1 Kaffee

Kaffee charakterisiert ein aus geschälten, gerösteten und zermahlenen Kaffeebohnen mit heißem Wasser hergestelltes Getränk, das gefiltert oder ungefiltert getrunken wird. Die Kaffeepflanze (Gattung „*Coffea*“) zählt zur Familie der *Rubiaceae* (Kaffee- oder Rötegewächse), wobei innerhalb der Gattung *Coffea* in etwa 100 Kultursorten bekannt sind. Wirtschaftlich gesehen spielen Arabica (*Coffea arabica*) und Robusta (*Coffea canephora* var. *robusta*) die größte Rolle (EBERMANN und ELMADFA 2011). Der wichtigste und mengenmäßig bedeutendste Wirkstoff des Kaffees ist das Koffein, dessen exakte chemische Bezeichnung 1,3,7-Trimethylxanthin lautet und der als Bitterstoff maßgeblich für den bitteren Geschmack des Kaffees verantwortlich ist (KEAST 2008, TOCI et al. 2013). Arabicaarten zeichnen sich durch einen relativ niedrigen Koffeingehalt, eine feine Säure und ein aromatisches Kaffeearoma aus, während Robustaarten widerstandsfähiger, ertragreicher und koffeinhaltiger sind aber auch einen stärkeren bitteren Geschmack aufweisen (HESSMANN-KOSARIS, 2006; THORN, 1999; WINTGENS, 2004; NEBESNY und BUDRYN, 2006).Durch die hohen Temperaturen beim Rösten kommt es zu sichtbaren äußerlichen Veränderungen der Kaffeebohne aber auch zu chemischen Reaktionen im Inneren der Bohne. Stärke wird in Zucker umgewandelt und dieser karamellisiert. Im Zuge der Maillardreaktion bilden Zucker und Proteine komplexe aromatische Verbindungen, die zur Bildung von farb-, geschmacks- und aromaintensiven Bräunungsprodukten führen, die als Melanoidine bekannt sind. Außerdem werden Röstprodukte, wie Furfurole, Essigsäuren, Purinderivate und Phenole gebildet. Am Ende der Röstung treten die Kaffeeöle aus den Zellwänden an die Bohnenoberfläche, überziehen diese mit einem glänzenden Überzug und fungieren als Geschmacks-/Flavourträger (THORN 1999, TEUFL und CLAUSS 1998). Im gerösteten Kaffee sind bis zu 800 Aromastoffe enthalten, wobei nicht einer von ihnen, sondern das Zusammenspiel mehrerer den typischen Kaffeegeruch/-flavour ausmachen. Das Aromaprofil wird hauptsächlich durch 2-Furfurylthiol, 4-Vinylguaiacol, β-Damascenone, Methanethiol, verschiedene Alkylpyrazine, Furanone, Acetaldehyde, Propanal, Methylpropanal, 2- und 3- Methylbutanal und Aldehyde gebildet (CZERNY et al. 1999, SCHWEDT 2005). Eine Analyse der einzelnen Geruchskomponenten ergab, dass die Furane maßgeblich für ein verbranntes, karamellähnliches und die Pyrazine für ein überröstetes, verbranntes Aroma verantwortlich sind. α-Diketone hingegen geben dem Kaffee eine butterähnliche Note. Aldehyde erzielen einen malzigen Charakter und Ketone tragen zu einem karamellähnlichen süßlichen Geruch bei (NEBESNY und BUDRYN 2006). In den Kaffeebohnen kommen bis zu 80 verschiedene Säuren vor, wobei die Chlorogensäure den größten Anteil daran trägt. Zu den anderen Säuren, die im Kaffee enthalten sind, zählen die Zitronen-, Apfel-, Essig- und die Chinasäure (TEUFL und CLAUSS 1998). Die Chlorogensäure und auch Pyridine haben Einfluss auf die Ausprägung der Bitterkeit, der Adstringenz und Geruchs-/Flavournoten wie „rauchig" und „würzig" (NEBESNY und BUDRYN 2006). Rohkaffeebohnen können lange gelagert werden, ohne dass Verluste im Aroma bzw. Flavour eintreten. Durch die Röstung und das Mahlen wird Kaffee instabil, was bei unsachgemäßer Lagerung zu Aromaverlusten führen kann (KREUML 2010). Die Außenfaktoren wie Wasser, Luft, Licht und Fremdgerüche haben den größten Einfluss auf die Qualität des Kaffees. Zu den größten Flavoureinbußen kommt es dadurch, dass die ätherischen Öle der Kaffeebohne wasserlöslich sind und dass die flüchtigen Aromastoffe sich mit Sauerstoff verbinden können. Außerdem verdunsten im gemahlenen Kaffee, der eine weitaus größere Oberfläche hat als die ganze geröstete Bohne, durch Sauerstoffeinfluss die ätherischen Öle und wertvolle Aromastoffe deutlich schneller. Wichtig ist es auch, dass der gemahlene Kaffee nie in der Nähe von Produkten mit intensivem Geruch gelagert werden sollte, da dieser andere Düfte und Aromen annimmt und einen Fremdgeruch/-flavour ausbildet. Am besten bewahrt man den Kaffee in einer sauberen, luftdichten und lichtundurchlässigen Dose auf, die nur dem Kaffee vorbehalten ist (THORN 1999, TEUFL und CLAUSS 1998). Ebenso hat die Verpackung einen besonderen Einfluss auf die Qualität des Kaffees. Inerte atmosphärische

Bedingungen, Vakuum Verpackungen und niedrige Lagertemperaturen werden zur Reduktion von Veränderungsprozessen und zur Steigerung der Haltbarkeit von Kaffee von der Kaffeeindustrie empfohlen (ROSS et al. 2006, MAKRI et al. 2011, TOCI et al. 2013). Doch auch diese Maßnahmen können die chemischen Vorgänge während der Lagerung nicht verhindern, sondern deren Konsequenzen lediglich hinauszögern (TOCI et al. 2013). Kreuml et al. (2013) haben von negativen Veränderungen des Kaffeegetränkes während der Lagerung von der Kaffeebohne von 9 Monaten berichtet. Nach 18- monatiger Lagerung konnte sogar eine Steigerung der Intensität dieser Attribute, die auf eine Oxidation hinweisen, beobachtet werden.

Tab 44. Attribute inklusive Definitionen zur sensorischen Evaluierung von Kaffee

Attribut	Definition
AUSSEHEN	
Farbe Schwarz	Farbe von Kohle-, Druckerschwärze
Farbe Braun	Farbe von Kaffeebohnen
Farbe Roter Ziegelstein	Farbe von roten Ziegelsteinen
Optische Viskosität	Die Fließfähigkeit des Kaffees, wenn man das voll gefüllte Glas bewegt
Trübung	Intensität der Lichtdurchlässigkeit oder Lichtstreuung
Partikel (optisch)	Menge von Partikeln im Kaffee
Öligkeit	Öliger Film an der Oberfläche des Kaffees
GERUCH/FLAVOUR	
Allgemein	Gesamtintensität, ortho- und retronasal wahrgenommener Eindrücke
Brühkaffee (brew-like)	Geruch/Flavour assoziiert mit frisch aufgebrühtem Röstbohnenkaffee
Geröstet	Geruch/Flavour assoziiert mit gerösteten Kaffeebohnen
Dunkel-Röstung	Geruch/Flavour assoziiert mit zu heiß gerösteten Produkten; typisch für sehr starken, dunklen Kaffee
Kakao	Geruch/Flavour assoziiert mit gerösteten Kakaobohnen, Bitterschokolade
Fruchtig	Geruch/Flavour assoziiert mit verschiedenen Früchten
Überreif/Fermentiert	Geruch/Flavour assoziiert mit überreifen, fermentierten Früchten

Attribut	Definition
Blumig	Geruch/Flavour assoziiert mit verschiedenen Früchten
Nussig	Geruch/Flavour assoziiert mit gerösteten Nüssen, Samen
Malzig	Geruch/Flavour assoziiert mit Malz, Toffee
Honig	Geruch/Flavour assoziiert mit Honig
Karamell	Geruch/Flavour assoziiert mit Karamell
Süßlich	Geruch/Flavour assoziiert mit verschiedenen süßen Substanzen wie brauner Zucker, Vanille
Milchig	Geruch/Flavour assoziiert mit frischer Milch und Milchprodukten
Holzig	Geruch/Flavour assoziiert mit Holzmaterialien
Aschig	Geruch/Flavour assoziiert mit glühender Asche
Rauchig	Geruch/Flavour assoziiert mit verbranntem Holz, Laub
Grün	Geruch/Flavour assoziiert mit pflanzlichen Materialien, laubig, grasig, unreif
Heuartig	Geruch/Flavour assoziiert mit trockenem Gras, Heu
Säuerlich	Geruch/Flavour assoziiert mit Essigsäure oder Zitrusfrüchten
Gewürze	Geruch/Flavour assoziiert mit braunen Gewürzen (Zimt, Nelke, Muskatnuss)
Bohnenartig	Geruch/Flavour assoziiert mit Bohnen, Bohnenprodukten
Getreideartig	Geruch/Flavour assoziiert mit gemahlenen und gerösteten Getreidekörnern
Gummiartig	Geruch/Flavour assoziiert mit Gummibändern, Radiergummi
Verbrannt	Geruch/Flavour assoziiert mit verbrannten Produkten
Abgestanden	Geruch/Flavour assoziiert mit altem, abgestandenen Kaffee
Animalisch	Geruch/Flavour assoziiert mit Tierfell, Tierstall

Attribut	Definition
Muffig/Trocken	Geruch/Flavour assoziiert mit Dachböden, alten Büchern
Muffig/Erdig	Geruch/Flavour assoziiert mit feuchter Erde, Humus
Ölig	Geruch/Flavour assoziiert mit Pflanzenölen
Ranzig	Geruch/Flavour assoziiert mit oxidierten Fetten
Chemisch	Geruch/Flavour assoziiert mit einer Palette an Komponenten, im Allgemeinen bekannt als chemisch (wie Chlor, Ammoniak, Aldehyde usw.)
Plastik	Geruch/Flavour assoziiert mit PET Flaschen und Verpackungsmaterial
Kartonartig	Geruch/Flavour assoziiert mit Papier-, Kartonverpackungen
Medizinisch	Geruch/Flavour assoziiert mit Antiseptika oder Desinfektionsmittel
Metallisch	Geruch/Flavour assoziiert mit einer wässrigen Eisensulfat-Lösung (Metalldosen, Münzen)
Benzinartig	Geruch/Flavour assoziiert mit Benzin
GESCHMACK	
Bitter	Grundgeschmack assoziiert mit Koffeinlösungen
Salzig	Grundgeschmack assoziiert mit NaCl-Lösungen
Sauer	Grundgeschmack assoziiert mit Zitronensäurelösungen
Süß	Grundgeschmack assoziiert mit Saccharoselösungen
Umami	Grundgeschmack assoziiert mit Mononatriumglutamat-Lösungen
TEXTUR/MUNDGEFÜHL	
Viskosität	Fließfähigkeit des Kaffees im Mund
Körper	Dichte oder Druck des Kaffees gegen die Zunge; ein kräftiges, volles Mundgefühl

Attribut	Definition
Schluckbarkeit	Glatte, reibungslose Schluckbarkeit
Erfrischend	Chemesthetischer Eindruck von Frische in der Mundhöhle (bsp. Minze)
Partikel	Menge von Partikeln, Körnigkeit des Kaffees im Mund
Mundbelag	Ausmaß des Belages bzw. Films auf Zunge, Lippen und Gaumen (im Mund)
Rauheit	Menge an Unebenheiten/Unregelmäßigkeiten, evaluiert durch ein Reiben der Probe im Mund
Beißend/Brennend	Beißender, brennender Eindruck auf der Zunge und Mundoberflächen auch nach Entfernen des Reizes; ausgelöst durch Nervus Trigeminus
Adstringierend	Eindruck einer zusammenziehenden oder kribbelnden Empfindung auf den Oberflächen und/oder Seiten von Zunge und Mund, assoziiert mit Tanninen (z.B. Eindruck nach dem Trinken von schwarzem Tee)
NACHGESCHMACK	
Allgemeiner Nachgeschmack	Intensität des allgemeinen Nachgeschmacks (30 Sekunden nach dem Schlucken)

eigene Darstellung; Literaturquellen: BHUMIRATANA et al. 2011, CHAMBERS et al. 2016, DONFRANCESCO DI et al. 2014, HAYAKAWA et al. 2010, HORVATH 2012, KREUML 2010, KREUML et al. 2013, PLÖDERL 2011, SANCHEZ 2015, SANCHEZ und CHAMBERS 2015, SANTOS SCHOLZ DOS et al. 2013, SEO et al. 2009, SOBREIRA et al. 2015, WODA 2009

3.14.2 Grüntee, Oolong Tee und Schwarztee

Tee ist ein Getränk, das aus den Blättern und Knospen des Teestrauches (*Thea sinensis = Camellia sinensis*) erzeugt wird (EBERMANN und ELMADFA 2011). Nach Wasser ist Tee das weltweit am meisten konsumierte Getränk und gehört überall zum täglichen Leben dazu (HO et al. 2015). Die Vielfalt von Tee, die zahlreichen Aromen, und nicht zuletzt seine wertvollen Inhaltstoffe, die sich positiv auf das Wohlbefinden des Menschen auswirken können, zählen zu einigen Gründen seiner Beliebtheit. Die beste Teequalität bringt die Knospe (Pekoe) und das ihm am nächsten geöffnete Blatt. Mit zunehmendem Alter werden die Blätter durch Einlagerung von Lignin und Gerbstoffen (Tanninen) härter und sind für die Adstringenz von Teegetränk verantwortlich.

In der Technologie der Teebereitung werden drei Herstellungswege unterschieden: fermentiert (Schwarztee), teilweise fermentiert (Oolong-Tee) und unfermentiert (Grüntee) Bei der Herstellung von grünem Tee werden die Teeblätter erhitzt, um die enzymatische Oxidation der Polyphenole zu verhindern (EBERMANN und ELMDAFA 2011). Eine sechsstündige Fermentation, während der die Polyphenoloxidase in den Blättern die farblosen Catechine zu den orange-gelben bzw. rot-braunen Theaflavinen und Thearubigenen oxidiert, ergibt Schwarztee. Der Oolong-Tee wird nur ein bis zwei Stunden fermentiert und enthält daher Catechine und auch Oxidationsprodukte. Die Dauer und die Art der Fermentation bestimmen die tee-typischen sensorischen Eigenschaften. Das Flavour von Tee wird in zwei Kategorien unterteilt: Aroma, das hauptsächlich aus flüchtigen Substanzen besteht und Geschmack, der vor allem nicht flüchtige Verbindungen beinhaltet. Alle Tee Aroma Komponenten stehen in engem Zusammenhang mit Verarbeitungsprozessen (HO et al. 2015). Flüchtige Aromasubstanzen in Schwarztee hängen hauptsächlich von der Oxidation der Flavonoide während der Fermentation ab. Die meisten Alkohole, aliphatischen Säuren, Phenole und Carbonsäuren treten während dieser Phase auf. Der Grad der teilweisen Fermentierung beeinflusst die Zusammensetzung und Konzentration der Hauptaromen in Oolong Tee. Unfermentierter Grüntee beinhaltet eine große Menge an Tee Catechinen, die zum einzigartigen „grünen" Aroma beitragen. Im Tee gibt es mehr als 600 flüchtige Aroma bestimmende Substanzen, die während des Herstellungsprozesses aus Carotinoiden, Lipiden, Glykosiden und aus Maillard Reaktionen generiert werden. Zu den häufigsten aus Carotinoiden gebildeten Aromen zählen ß-Ionone (holzig), ß-Damascenone (blumig, gekochter Apfel), C13-Spiroether Theaspirone (süßlich, blumig, tee-ähnlich) und sauerstoffreiche Theaspirone Derivate (fruchtig) (HO et al. 2015). Aber auch andere Substanzen wie 1-Penten-3-ol, Linalool, Terpineol, Citral, Citronellol, Nerol, Geraniol sind für die Entstehung des typischen Tee Aromas verantwortlich (LEE et al. 2013, HO et al. 2015). Die am häufigsten auftretenden Teeverbindungen finden sich in nachstehender Tabelle.

Flüchtige, Aroma bildende Verbindungen in Grüntee, Oolong Tee und Schwarztee

Flüchtige Substanz	**Empfindungsqualität**
Alipathische Alkohole	
1-Penten-3-ol	Buttrig, grün
1-Pentanol	Süßlich, aromatisch
2-Penten-1-ol	Jasmin, grün, Plastik, Radiergummi
Linalool	Bergamotte, Lavendel, süßlich, blumig
Hotrienol	Blumig
Nerol	Blumig, zitrusartig
Geraniol	Geranie, blumig

Citronellol	Zitrusartig
Furaneol	Karamell
Aromatische Alkohole	
2-Phenylethanol	Blumig, Rose, Honig
1-α-Terpineol	Lillie
Alipathische Aldehyde	
3-Methyl-butanal	Off-Aromen und Off-Flavour
Pentanal	Beißend, Mandeln, malzig
Hexanal	Fruchtig, grasig, grün
(E)-2-hexenal	Grün
(Z)-4-Heptanal	Heuartig
Nonanal	Frittiert, fettig, grün
Aromatische Aldehyde	
Benzaldehyd	Bittermandel
Benzeneacetaldehyd	Hyazinthe, Lillie
Phenylacetaldehyd	Honig
Andere aromatische Verbindungen	
Toluen	Farbe-ähnlich, Benzin
1,4-Dimethoxybenzen	Süßer Klee, aromatische Ether
Styren	Stechend, aromatisch, Benzin
Ketone	
Jasmon	Jasminblüte, blumig
α-Ionone	Holzig, heuartig
β-Ionone	Holzig
2-Methyl-5-(1-methylethenyl)-2- cyclo-hexen-1-on	Minze
Säuren	

Benzoesäure	Aromatisch, säuerlich
Nonansäure	Frittiert, fettig, grün
Hexansäure	Milchig, Milchfett
Methylsalicylat	Minze

eigene Darstellung; Literaturquellen: HO et al. 2015, LEE et al. 2013

Tab 45. Attribute inklusive Definitionen zur sensorischen Evaluierung von Grüntee, Oolong Tee und Schwarztee

Attribut	Definition
AUSSEHEN	
Farbe	Intensität der Farbe; Grüntee: von hell grün bis dunkel grün; Oolong Tee und Schwarztee: hell braun bis dunkel braun
Optische Viskosität	Fließfähigkeit des Tees wenn man das vollgefüllte Glas bewegt
Partikel	Ausmaß von Partikeln im Tee
Trübung	Intensität der Lichtdurchlässigkeit oder Lichtstreuung
Öligkeit	Öliger Film an der Oberfläche des Tees
GERUCH/FLAVOUR	
Grün	Geruch/Flavour assoziiert mit grünen Pflanzen/ pflanzlichen Material, wie Spinat, Sellerie, Petersilie, usw.
Bohnen	Geruch/Flavour assoziiert mit Bohnen und Bohnenprodukten
Kohlartiges Gemüse	Geruch/Flavour assoziiert mit gekochtem Kraut
Gurke	Geruch/Flavour assoziiert mit frisch geschnittenen Gurken
Grüne Bohnen	Geruch/Flavour assoziiert mit verarbeiteten grünen Bohnen
Grüne Kräuter	Geruch/Flavour assoziiert mit getrockneten grünen Kräutern wie Lorbeerblätter, Thymian, Basilikum
Minze	Geruch/Flavour assoziiert mit frischer Minze oder Menthol

Attribut	Definition
Braune Gewürze	Geruch/Flavour assoziiert mit braunen Gewürzen wie Zimt, Nelken, Muskat
Nussig	Geruch/Flavour assoziiert mit gerösteten Nüssen
Mandeln	Geruch/Flavour assoziiert mit Mandeln
Honig	Geruch/Flavour assoziiert mit Honig
Süßlich	Geruch/Flavour assoziiert mit süßen Substanzen, brauner Zucker, Vanille
Blumig	Geruch/Flavour assoziiert mit Blumen
Fruchtig	Geruch/Flavour assoziiert mit einer Vielzahl an reifen Früchten
Zitrusfrüchte	Geruch/Flavour assoziiert mit Zitrusfrüchten wie Zitronen, Limetten, Orangen; kann auch eine Note der Schalen enthalten
Karamell	Geruch/Flavour assoziiert mit Karamell und Toffee
Malzig	Geruch/Flavour assoziiert mit Malz
Fermentiert	Geruch/Flavour assoziiert mit fermentierten Früchten bzw. Getreide
Getreideartig	Geruch/Flavour assoziiert mit Getreidekörnern
Stroh	Geruch/Flavour assoziiert mit trockenen Strohhalmen
Heu	Geruch/Flavour assoziiert mit getrocknetem Gras, Heu
Verbrannt	Geruch/Flavour assoziiert mit verbrannten Produkten
Rauchig	Geruch/Flavour assoziiert mit verkohltem Holz
Aschig	Geruch/Flavour assoziiert mit verbranntem Tabak
Minze	Geruch/Flavour assoziiert mit frischer Minze oder Minzöl
Animalisch	Geruch/Flavour assoziiert mit Bauernhoftieren und Tierstall
Medizinisch	Geruch/Flavour assoziiert mit Antiseptika oder Desinfektionsmittel

Attribut	Definition
Leder	Geruch/Flavour assoziiert mit Lederschuhen
Schweißig	Geruch/Flavour assoziiert mit Körperschweiß
Metallisch	Geruch/Flavour assoziiert mit einer wässrigen Eisensulfat-Lösung (Metalldosen, Münzen)
GESCHMACK	
Bitter	Grundgeschmack assoziiert mit Koffeinlösungen
Salzig	Grundgeschmack assoziiert mit NaCl-Lösungen
Sauer	Grundgeschmack assoziiert mit Zitronensäurelösungen
Süß	Grundgeschmack assoziiert mit Saccharoselösungen
Umami	Grundgeschmack assoziiert mit Mononatriumglutamat-Lösungen
TEXTUR/MUNDGEFÜHL	
Viskosität	Fließfähigkeit des Tees im Mund
Körper	Dichte oder Druck des Tees gegen die Zunge; ein kräftiges, volles Mundgefühl
Schluckbarkeit	Glatte, reibungslose Schluckbarkeit
Erfrischend	Chemesthetischer Eindruck von Frische in der Mundhöhle (bsp. Minze)
Partikel	Menge von Partikeln; Körnigkeit des Tees im Mund
Trocken/Schleifend	Eindruck wahrgenommen als schleifend/ trocken wenn man mit der Zunge über die Zahnrückseite reibt
Beißend/Brennend	Beißender, brennender Eindruck auf der Zunge und Mundoberflächen auch nach Entfernen des Reizes; ausgelöst durch Nervus Trigeminus
Adstringierend	Eindruck einer zusammenziehenden oder kribbelnden Empfindung auf den Oberflächen und/oder Seiten von Zunge und Mund, assoziiert mit in Tee enthaltenen Tanninen (Gerbstoffen)

Attribut	Definition
NACHGESCHMACK	
Allgemeiner Nachgeschmack	Intensität des allgemeinen Nachgeschmacks (30 Sekunden nach dem Schlucken)

eigene Darstellung; Literaturquellen: CHATURVEDULA und PRAKASH 2011, HO et al. 2015, LEE et al. 2013, LEE und CHAMBERS 2007, PRAKASH et al. 2008, SAß 2010

3.15 Würzmittel und Mayonnaise

3.15.1 Senf

Das österreichische Lebensmittelbuch definiert den Begriff Senf folgendermaßen: *„Unter Senf (Speisesenf, Mostrich) versteht man eine mehr oder weniger scharf und würzig schmeckende Zubereitung, die aus Senfsamen unter Beigabe von Zutaten hergestellt und zum Würzen von Speisen verwendet wird.“* (ÖSTERREICHISCHES LEBENSMITTELBUCH 2017). Zur Herstellung von Senf werden insbesondere drei verschiedene Arten von Senfsamen eingesetzt: *Sinapis alba* (Weißer Senf), *Brassica nigra* (Schwarzer Senf) und *Brassica juncea* (Brauner Senf, Orientalischer Senf, Sareptasenf). Sie enthalten zwischen 38 und 44% Fett und etwa 25% Protein, wobei es sich vor allem um schwefelreiche Aminosäuren handelt. Die Senfsaat ist durch einen bitteren Geschmack und die Schärfe charakterisiert. Verantwortlich dafür sind die Abbauprodukte der Glucosinolate (SINDHU et al. 2012). Häufig werden auch geschmacksgebende Zutaten wie Kren, Zwiebel, Obst, Gewürze oder Kräuter zugegeben (ÖSTERREICHISCHES LEBENSMITTELBUCH 2017). Die Eigenschaften von Senf werden durch verschiedene Faktoren bestimmt, hierzu zählt nicht nur die Zusammensetzung und Art der Zutaten, sondern auch die Zugabereihenfolge der Zutaten, die Temperatur während der Herstellung, der aufgebrachte Druck und die Lagerdauer der Saat spielen eine wichtige Rolle (KELLNER 2012). Mit einem Anstieg der Behandlungstemperatur von bis zu 100°C wurde z.B. bei fast unveränderter Farbe des Produktes, eine Reduktion der Ausprägung des Senf-Flavours und eine damit verbundene Verringerung der Schärfe beobachtet. Außerdem konnte festgestellt werden, dass das Flavour bei einer Temperatur von 60°C am besten erhalten werden konnte und ein geringerer Grad an Bitterkeit zu vermerken war. Die für Senf typische Schärfe ist, je nach Art der Saat von unterschiedlichen Inhaltsstoffen abhängig. Die Schärfe des weißen Senfes basiert auf dem Glucosinolat Sinalbin, während die Schärfe der schwarzen und braunen Senfsaat auf das Glucosinolat Sinigrin zurückgeführt werden kann, wobei letztlich verschiedene Gluconsinolate in derselben Saat zu finden sind (VELISEK et al. 1995). Zusätzlich gibt es eine Verbindung zwischen der Schärfe des Senfes und der Größe der Saat– je kleiner die Saat, desto weniger intensiv ist die Schärfe, was sich auf den erhöhten Schalenanteil bei kleineren Samen zurückführen lässt (SINDHU et al. 2012).

Tab 46. Attribute inklusive Definitionen zur sensorischen Evaluierung von Senf

Attribut	**Definition**
AUSSEHEN	
Farbe	Farbton von hellgelb bis dunkelbraun
Glanz	Ausmaß der Lichtreflexion an der Produktoberfläche
Glattheit	Glattheit der Oberfläche (frei von Unebenheiten, Unregelmäßigkeiten)
Körnigkeit	Unregelmäßigkeiten, Körner oder Unebenheiten an der Oberfläche des Produktes
GERUCH/FLAVOUR	
Senf	Geruch/Flavour assoziiert mit Senf, Senfkörnern
Essig	Geruch/Flavour assoziiert mit Essigsäure
Ranzig	Geruch/Flavour assoziiert mit oxidierten Fetten
Metallisch	Geruch/Flavour assoziiert mit einer wässrigen Eisensulfat-Lösung (Metalldosen, Münzen)
GESCHMACK	
Bitter	Grundgeschmack assoziiert mit Koffeinlösungen
Salzig	Grundgeschmack assoziiert mit NaCl-Lösungen
Sauer	Grundgeschmack assoziiert mit Zitronensäurelösungen
Süß	Grundgeschmack assoziiert mit Saccharoselösungen
Umami	Grundgeschmack assoziiert mit Mononatriumglutamat-Lösungen
TEXTUR/MUNDGEFÜHL	
Viskosität (mit Löffel)	Dicke und Fließfähigkeit des Produktes; evaluiert an der Fließgeschwindigkeit der Probe während des Gießens von einem Löffel
Viskosität (oral)	Fließfähigkeit im Mund; notwendige Kraft beim Einsaugen des Produktes vom Löffel zwischen die Lippen

Attribut	Definition
Homogenität (mit Löffel)	Ausmaß der Gleichmäßigkeit der Verteilung der Partikel im Produkt; Produkt mit einheitlicher Konsistenz, ohne Unebenheiten
Homogenität (oral)	Produkt mit einheitlicher Konsistenz, ohne Unebenheiten, Masse ohne feststellbare Partikel im Mund
Körnigkeit	Unebenheit der Oberfläche, Ausmaß an Körnigkeit oder Rauheit der Partikel beim darauf herumkauen, pressen des Senfes an den Gaumen
Glattheit	Probe frei von Unebenheiten, Unregelmäßigkeiten
Mundbelag	Ausmaß des Belages bzw. Films auf Zunge, Lippen und Gaumen (im Mund)
Beißend/Brennend	Beißender, brennender Eindruck auf der Zunge und Mundoberflächen auch nach Entfernen des Reizes; ausgelöst durch Nervus Trigeminus
Adstringierend	Eindruck einer zusammenziehenden oder kribbelnden Empfindung auf den Oberflächen und/oder Seiten von Zunge und Mund, assoziiert mit Tanninen (z.B. Eindruck nach dem Trinken von schwarzem Tee)
NACHGESCHMACK	
Allgemeiner Nachgeschmack	Intensität des allgemeinen Nachgeschmacks (30 Sekunden nach dem Schlucken)

eigene Darstellung; Literaturquellen: KELLNER 2013, MAJCHRZAK 2016, MUSTE et al. 2010, PAUNOVIC et al. 2011, WARNER und ESKIN 1995

3.15.2 Mayonnaise

Mayonnaise ist eine dicke, cremige Öl-in-Wasser-Emulsion, die aus *„Speiseöl pflanzlicher Herkunft, Eigelb, Essig oder Zitronensaft, Gewürzen und unter anderem aus Milcherzeugnissen, Kochsalz, Zucker, Zuckerarten und Senf besteht. In Mayonnaise mit einem Fettgehalt von 70% und darüber sind keine Verdickungsmittel oder Stärke enthalten. Liegt der Fettgehalt bei 25% können diese Mayonnaisen als „leicht" oder „light" bezeichnet werden"* (ÖSTERREICHISCHES LEBENSMITTELBUCH 2013). Fett beeinflusst maßgeblich die sensorische Wahrnehmung von Aussehen, Flavour und Textur/Mundgefühl verschiedener Lebensmitteln. Vor allem in flüssigen Produkten (z.B. Milch, Sahne) und halbfesten (z.B. Mayonnaise, Pudding) bewirkt es durch seine schmierenden Eigenschaften und seine Viskosität ein spezielles Mundgefühl. Fettreiche Lebensmittel lassen sich als „glatt“ und „fein“ beschreiben, sie sind „cremig“, während fettarme eher als „rau“ empfunden werden (DREWNOWSKI 1997, KLEM et al. 1999, KOEBNICK et al. 2005, NACHTSHEIM 2014). „Cremigkeit“ ist in fetthaltigen Lebensmitteln wie Mayonnaise eine wichtige Charakteristik, die positiv in Verbindung gebracht wird mit „dick/viskös“, „glatt“, „fettig“, „luftig“ und „samtig“ und negativ mit „rau“, „inhomogen“, „klumpig“ und „körnig“ (WEENEN et al. 2005). Durch den hohen Fettgehalt (70-80%) weisen Standard Mayonnaisen einen speziellen Oberflächenglanz auf, der sich in „leicht“ Mayonnaise nur durch Zugabe von Zusatzstoffen wie z.B. Verdickungsmitteln erreichen lässt. Das charakteristische Flavour von Mayonnaise ist zum Teil durch die Zugabe von Senf geprägt, der Isothiocyanate (genau: Allyl Isothiocyanate) enthält. Diese flüchtigen, flavourbestimmenden Substanzen finden sich bei Emulsionen wie Mayonnaise, je nach ihrer Löslichkeit, zwischen der Öl und Wasser Phase. Wenn sich die Mayonnaise im Mund durch die Beimischung von Speichel auflöst und erwärmt, werden mehr der fettlöslichen Moleküle freigegeben und an die Geschmacksrezeptoren gebunden. Eine Rolle auf das Flavour scheint auch die Verteilung des Öles in der Mayonnaise zu spielen (DEPREE und SAVAGE 2001). Lagertemperatur, Lagerdauer und Art der Mayonnaise bestimmen maßgeblich Stabilität, Homogenität, Mundgefühl, den sauren Geschmack, Ranzigkeit sowie PH-Wert (KARAS et al. 2002). Die Stabilität der Flavour Komponenten scheint kein Problem darzustellen, solange die Mayonnaise nicht über einen sehr langen Zeitraum (mehr als 6 Monate in Licht und bei Raumtemperatur) gelagert wird, da die Oxidation der enthaltenen Öle der Hauptauslöser für Off-Flavours ist (DEPREE und SAVAGE 2001). Um dieser vorzubeugen, werden der Mayonnaise oftmals Gewürze bzw. Gewürzextrakte beigemengt, da diese eine antioxidative Wirkung ausüben und die Mayonnaise so weniger anfällig für den oxidativen Verderb und dem damit einhergehenden Flavour „ranzig“ machen (MIHOV et al. 2012).

Tab 47. Attribute inklusive Definitionen zur sensorischen Evaluierung von Mayonnaise

Attribut	**Definition**
AUSSEHEN	
Farbe	Intensität der gelben Farbe
Glanz	Ausmaß der Lichtreflexion an der Oberfläche des Produktes
Emulsions-Stabilität	Mayonnaise ohne Phasentrennung; bei stabiler Emulsion sieht man die Phasentrennung nicht. Emulsion besteht aus 2 Phasen; Mayonnaise ist ein Gemisch zweier Flüssigkeiten, Öl in Wasser
Glattheit	Produkt-Oberfläche ohne Unebenheiten bzw. Masse ohne feststellbare Partikel

Attribut	Definition
Streichfähigkeit	Notwendige Kraft um eine Messerspitze des Produktes gleichmäßig auf einem Stück Weißbrot zu verteilen
GERUCH/FLAVOUR	
Geruch/Flavour allgemein	Geruch/Flavour assoziiert mit frisch zubereiteter Mayonnaise
Gewürze	Geruch/Flavour assoziiert mit Gewürzen
Senf	Geruch/Flavour assoziiert mit Senf
Eidotter	Geruch/Flavour assoziiert mit aufgeschlagenem Eidotter
Milchig	Geruch/Flavour assoziiert mit Milchprodukten
Säuerlich/Essigartig	Geruch/Flavour assoziiert mit Essigsäure
Ranzig	Geruch/Flavour assoziiert mit oxidierten Fetten
GESCHMACK	
Bitter	Grundgeschmack assoziiert mit Koffeinlösungen
Salzig	Grundgeschmack assoziiert mit NaCl-Lösungen
Sauer	Grundgeschmack assoziiert mit Zitronensäurelösungen
Süß	Grundgeschmack assoziiert mit Saccharoselösungen
TEXTUR/MUNDGEFÜHL	
Viskosität (mit Löffel)	Dicke und Fließfähigkeit des Produktes; evaluiert an der Fließgeschwindigkeit der Probe während des Gießens von einem Löffel
Viskosität (oral)	Fließfähigkeit des Produktes im Mund; notwendige Kraft beim Einsaugen des Produktes vom Löffel zwischen die Lippen
Homogenität (oral)	Produkt mit einheitlicher Konsistenz, ohne Unebenheiten, Masse ohne feststellbare Partikel im Mund

Attribut	Definition
Körnigkeit (oral)	Unebenheit der Oberfläche, Ausmaß an Körnigkeit oder Rauheit der Partikel beim darauf herumkauen, pressen der Mayonnaise an den Gaumen
Glattheit (oral)	Probe frei von Unebenheiten, Unregelmäßigkeiten
Fettiger Mundbelag	Produkt mit anhaftendem/ausgetretenem Fett oder Öl, belegendes Mundgefühl. Fettiger Film auf Zunge, Lippen und dem Gaumen
Schmelzgeschwindigkeit	Geschwindigkeit, mit der sich die Konsistenz der Mayonnaise während des Schmelzens im Mund von fest zu flüssig ändert
Klebrigkeit	Notwendige Kraft, um die Probe vom Gaumen abzulösen
Adstringierend	Eindruck einer zusammenziehenden oder kribbelnden Empfindung auf den Oberflächen und/oder Seiten von Zunge und Mund, assoziiert mit Tanninen (z.B. Eindruck nach dem Trinken von schwarzem Tee)
Beißend/Brennend	Beißender, brennender Eindruck auf der Zunge und Mundoberflächen auch nach Entfernen des Reizes; ausgelöst durch Nervus Trigeminus
NACHGESCHMACK	
Allgemeiner Nachgeschmack	Intensität des allgemeinen Nachgeschmacks (30 Sekunden nach dem Schlucken)

eigene Darstellung; Literaturquellen: HERALD et al. 2009, IZIDORO et al. 2007, KARAS et al. 2002, LIU et al. 2007, MAJCHRZAK 2017, MIHOV et al. 1012, STERN et al. 2001, WEENEN et al. 2005, WIJK et al. 2003

Literaturverzeichnis

Einleitung und Methode

DRAKE B. K. Sensory textural/rheological properties a polyglot list. Journal of Texture Studies 1989, 20, 1–27

GIBOREAU A., DACREMONT C., EGOROFF C., GUERRAND S., UR- DAPILLETA I., CANDEL D., DUBOIS D. Defining sensory descriptors: To- wards writing guidelines based on terminology. Journal of Food Quality and Preference 2007, 18, 265-274

KRINSKY B.F., DRAKE M.A., CIVILLE G.V., DEAN L.L., HENDRIX K.W., SANDERS, T.H. The development of a lexicon for frozen vegetable soybeans (edamame). Journal of Sensory Studies 2006, 21, 644–653

LAWLESS H.T., HEYMANN H. Sensory evaluation of food principles and practice. Kluwer Academic Publishers, New York, 2010

MEILGAARD M., CIVILLE C. V., CARR B. T. Sensory evaluation techniques (3rd ed.). Boca Raton, FL: CRC Press, Florida, 1999

SOUCI S.W., FACHMANN W., KRAUT, H. Die Zusammensetzung der Lebensmittel, Nährwerttabellen. 8., revidierte und ergänzte Auflage. Wissenschaftliche Verlagsgesellschaft Stuttgart (WVG), Stuttgart, 2016

STONE H., SIDEL J. L., OLIVER S., WOOLSEY A., SINGLETON R. C. Sensory evaluation by Quantitative Descriptive Analysis. Food Technology 1974, 28(11), 24–33

STONE S., SIDEL J. L. Sensory evaluation practices (2nd ed.). Academic Press, London, 1993

ZANNONI M. Approaches to translation problems of sensory descriptors. Journal of Sensory Studies 1997, 12, 239-253

Milch

Kuhmilch

CHOJNICKA-PASZUN A., DE JONGH H.H. J., DE KRUIF C. G. Sensory perception and lubrication properties of milk: Influence of fat content. International Dairy Journal 2012, 26, 15-22

DERNDORFER E. Sensorische Analyse von Milch und Milchprodukten. In: Praxis-Handbuch Sensorik in der Produktentwicklung und Qualitätssicherung (Busch-Stockfisch M, Hrsg). B. Behr's, Hamburg, 2006

D. Majchrzak und C. Schlinter-Maltan, *Die sensorische Fachsprache*,
https://doi.org/10.1007/978-3-658-22814-9

DÜRRSCHMID K. Milch – Sensorik. Vortrag zum ÖGE Symposium „Milch und Alternativen", Juni 2015

EBERMANN R., ELMADFA I. Lehrbuch Lebensmittelchemie und Ernährung. 2. korrigierte und erweiterte Auflage. Springer Verlag, New York, Wien, 2011

FRØST, M., DIJKSTERHUIS, G., MARTENS, M. Sensory perception of fat in milk. Food Quality and Preference 2001, 12, 327–336

KAYLEGIAN K.E. Sensory Evaluation of Milk, PhD Thesis, PennState College of Agricultural Sciences. November 2013

MAJCHRZAK D. Bericht zur sensorischen Evaluierung von Kuhvollmilch mittels QDA. Department der Ernährungswissenschaften, Universität Wien, 2015

SPREER E. Technologie der Milchverarbeitung. Behr's Verlag, Hamburg, 2011

Laktosefreie Milch

ADHIKARI K., DOOLEY L.M., CHAMBERS E. IV., BHUMIRATANA N. Sensory characteristics of commercial lactose-free milks manufactured in the United States. Journal of Food Science and Technology 2010, 43, 113-118

JELEN P., TOSSAVAINEN O. Low lactose and lactose-free milk and dairy products – prospects, technologies and applications. Australian Journal of Dairy Technology 2003, 58, 161–165

Milchprodukte

Naturjoghurt aus Kuhvollmilch

BRAUSS M S, LINFORTH R S T, CAVEUX I, HARVEY B, TAYLOR A J. Altering the Fat Content Affects Flavor Release in a Model Yogurt System. Journal of Agricultural and Food Chemistry 1999; 47, 2055-2059

CHANDAN R C. History and Consumption Trends. In: Manufacturing Yogurt and Fermented Milks (Chandan R C; Kilara A.; Hsg), Wiley-Blackwell, Chichester 2013

CHANDAN R.C., O'RELL K.R.. Ingredients for Yogurt Manufacture. In: Manufacturing Yogurt and Fermented Milks (Chandan R C, Hrsg). Blackwell Publishing, Ames u.a., 2006

CHENG H., Volatile Flavor Compounds in Yogurt: A Review. Food Science and Nutrition 2010; 50, 938-950

COGGINS P.C., SCHILLING M.W., KUMARI S., GERRARD P.D. Development of a sensory lexicon for conventional milk yoghurt in the United States. Journal of Sensory Studies 2008, 23, 671-687

FOLKENBERG D M, MARTENS M. Sensory properties of low fat yoghurts. Part A: Effect of fat content, fermentation culture and addition of non-fat dry milk on the sensory properties of plain yoghurts. Milchwissenschaft 2003, 58, 48-51

HILL A.R., KETHIREDDIPALLI P. Chapter 8- Dairy Products: Cheese and Yogurt. In: Biochemistry of Food, Third Edition (Eskin N M , Shahidi F.; Hsg.), Academic Press, San Diego, 2013

MAJCHRZAK D., LAHM B., DÜRRSCHMID K. Conventional and probiotic yogurts differ in sensory properties but not in consumers' preferences, Journal of Sensory Studies 2010, 25, 431-446

MAJCHRZAK D. Bericht zur sensorischen Evaluierung von Naturjoghurt mittels QDA. Department der Ernährungswissenschaften, Universität Wien, 2016

McGORRIN R. J. Advances in dairy flavor chemistry. In: Food Flavors and Chemistry; Advances of the new Millenium (Spanier A M, Shahidi F, Parliment T H, Ho C T.; Hsg), Royal Society of Chemistry, Cambridge, UK, 2001

OLIVEIRA d M.N. Fermented Milks and Yogurt. In: Encyclopedia of Food Microbiology (Batt C A und Tortorello M L.; Hsg.), Academic Press, London, Burlington, San Diego, 2014

OTT A, FAY L B, CHAINTREAU A. Determination and Origin of the Aroma Impact Compounds of Yogurt Flavor. Journal of Agriculture and Food Chemistry 1997, 45 (3), 850–858

PANAGIOTIDIS P., TZIA C. Effect of milk composition and heating on flavor and aroma of yogurt. In: Food Flavors and Chemistry: Advances of the New Millennium (Spanier A M, Shahidi F, Parliment T H, Ho C T.; Hsg), Royal Society of Chemistry, Cambridge, UK, 2001

SALVADOR A, FISZMAN M. Textural and Sensory Characteristics of Whole and Skimmed Flavoured Set-Type Yogurt During Long Storage. Journal of Dairy Science 2004, 87, 4033-4041

SPREER E. Technologie der Milchverarbeitung. Behr's Verlag, Hamburg, 2011

VEDAMUTHU E R. Starter Cultures for Yogurt and Fermented Milks. In: Manufacturing Yogurt and Fermented Milks (Chandan R C; Kilara A.; Hsg), Wiley-Blackwell, Chichester 2013

Buttermilch

JINJARAK S., OLABI A., JIME´NEZ-FLORES R., SODINI I., WALKER, J.H. Sensory Evaluation of whey and sweet cream buttermilk. Journal of Dairy Science 2006, 89(7), 2441-2450

EBERMANN R., ELMADFA I. Lehrbuch Lebensmittelchemie und Ernährung. 2. korrigierte und erweiterte Auflage. Springer Verlag, New York, Wien, 2011

MAJCHRZAK D. Bericht zur sensorischen Evaluierung von Buttermilch mittels QDA. Department der Ernährungswissenschaften, Universität Wien, 2017

MUIR D.D., Tamime A.Y., Wszolek M. Comparison of sensory profiles of kefir, buttermilk and jogurt. International Journal of Dairy Technology 1999, 52(4), 129-134

Käse (Allgemein)

ADHIKARI K., HEYMANN H., HUFF H.E. Textual characteristics of lowfat, fullfat and smoked cheeses: sensory and instrumental approaches. Food Quality and Preference 2003, 14, 211-218

ANTONIOU K.D., PETRIDIS D., RAPHAELIDES S., OMAR Z.B., KESTELOOT R. Texture assessment of French cheeses. Journal of Food Science, 2000, 65, 168-172

BARCENAS, P., PEREZ DE SAN ROMAN R., PÉREZ ELORTONDO F.J., ALBISU M. Consumer preference structures for traditional Spanish cheeses and their relationship with sensory properties. Food Quality and Preference 2001, 12, 269

BROADBENT J.R., STRICKLAND M., WEIMER B.C., JOHNSON M.E., STEELE J.L. Peptide Accumulation and Bitterness in Cheddar Cheese Made Using Single-Strain Lactococcus lactis Starters with Distinct Proteinase Specificities. Journal of Dairy Science 1998, 81, 327–337

DELAHUNTY C.M., DRAKE, M.A. Sensory Character of Cheese and its Evaluation. In Cheese: Chemistry, Physics and Microbiology, General Aspects, Third edition. Fox P.F., McSweeney P.L.H., Cogan T.M., Guinee T.P. ed. Elsevier Academic Press, Cambridge, 2004

DRAKE M.A. Defining cheese flavour. In B. C. Weimer (Hrsg.) Improving the flavour of cheese. Woodhead Publishing Limited, Cambridge 2007

DRAKE M.A., GERARD P.D., CADWALLADER K.R., CIVILLE G.V. Cross validation of a sensory language for Cheddar cheese. Journal of Sensory Studies 2002, 17, 215-227

DRAKE M.A., Mc INGVALE S.C., CADWALLADER K.R., CIVILLE G.V. Development of a descriptive sensory language for Cheddar cheese. Journal of Food Science 2001, 66, 1422-1427

EBERMANN R., ELMADFA I. Lehrbuch Lebensmittelchemie und Ernährung. 2. korrigierte und erweiterte Auflage. Springer Verlag, New York, Wien, 2011

EDWARDS J., KOSIKOWSKI, F.V. Bitter Compounds from Cheddar Cheese. Journal of Dairy Science 1983, 66, 727–734

EL SODA M.A. The role of lactic acid bacteria in accelerated cheese ripening. FEMS Microbiology Reviews 1993, 12, 239–251

FENELON M.A., GUINEE T.P, DELAHUNTY C., MURRAY J., CROWE F. Composition and Sensory Attributes of Retail Cheddar Cheese with Different Fat Contents. Journal of Food Composition and Analysis 2000 13, 13–26

FOIßY H. Milchtechnologie: eine vorlesungsorientierte Darstellung, Wien: IMB-Verlag, Institut für Milchforschung und Bakteriologie, Universität für Bodenkultur 2005, Wien

GANESAN B., WEIMER B.C., QIAN M.C., BURBANK H.M., 2007. Compounds associated with cheese flavor. In B. C. Weimer (Hrsg.) Improving the flavour of cheese. Woodhead Publishing Limited, 2007, Cambridge

GWARTNEY, E.A., FOEGEDING, E.A., LARICK, D.K. The texture of commercial full-fat and reduced-fat cheese. Journal of Food Science 2002, 67, 812-816

HEISSERER, D.M., CHAMBERS, E.I.V. Determination of the sensory flavour attributes of aged natural cheese. Journal of Sensory Studies 1993, 8, 121–132

HORT J., LE GRYS G. Developments in the textural and rheological properties of UK Cheddar cheese during ripening. International Dairy Journal 2001, 11, 475-481

HOUGH G., CALIFANO A.N., BERTOLA N.C., BEVILACQUA A.E., MARTINEZ E., VEGA M.J., ZARITZKY N.E. Partial least squares correlations between sensory and instrumental measurements of flavor and texture for Reggianito grating cheese. Food Quality and Preference 1996, 7, 47–53

LAWLOR J.B., and DELAHUNTY C.M. The sensory profile and consumer preference for ten speciality cheeses. International Journal of Dairy Technology 2000, 53, 28-36

LAWLOR J.B., DELAHUNTY C.M., WILKINSON, M.G., SHEEHAN, J. Relationships between the sensory characteristics, neutral volatile composition and gross composition of ten cheese varieties. Le Lait 2001, 81, 487-507

LAWLOR J.B., DELAHUNTY C.M., WILKINSON, M.G., SHEEHAN, J. Relationships between the gross, non-volatile and volatile compositions and the sensory attributes of eight hard-type cheeses. International Dairy Journal 2002, 12, 493-509

MANNING D.J., CHAPMAN H.R., HOSKING Z.D. Sulphur compounds in relation to Cheddar cheese flavour. Journal of Dairy Research 1976, 43, 313–320

MEINHART E., SCHREIER P. Study of flavour compounds from Parmigiano Reggiano cheese. Milchwissenschaft 1986, 41, 689–691

MUIR D.D., HUNTER E.A., BANKS J.M., HORNE D.S. Sensory properties of hard cheese: Identification of key attributes. International Dairy Journal 1995, 5, 157–177

MURRAY J.M., DELAHUNTY C.M. Mapping preference for the sensory and packaging attributes of Cheddar cheese. Food Quality and Preference 2000a, 11, 419-435

MURRAY J.M., DELAHUNTY C.M. Selection of standards to reference terms in a Cheddar cheese flavour language. Journal of Sensory Studies 2000b, 15, 179-199

MURRAY J.M., DELAHUNTY C.M. Consumer preference for Irish farmhouse and factory cheeses. Irish Journal of Agricultural and Food Research 2000c, 39, 433-449

ÖSTERREICHISCHES LEBENSMITTELBUCH IV. Auflage, Codexkapitel / B 32 / Milch und Milchprodukte, Wien, 21.12.2017

PAGLIARINI E., MONTELEONE E., WAKELING I. Sensory profile description of mozzarella cheese and its relationship with consumer preference. Journal of Sensory Studies 1997, 12, 285-301

PAPETTI P., CARELLI A. Composition and Sensory Analysis for Quality Evaluation of a Typical Italian Cheese: Influence of Ripening Period. Czech Journal of Food Science 2013, 31 (5), 438-444

RÉTIVEAU, A., CHAMBERS, D.H., ESTEVE, E. Developing a lexicon for the Flavour description of French cheeses. Food Quality and Preference 2005, 16, 517-527

RITVANEN T., LAMPOLAHTI S., LILLEBERG L., TUPASELA T., ISONIEMI M., APPELBYE U. LYYTIKÄINEN T., EEROLA S., UUSI-RAUVA E. Sensory evaluation, chemical composition and consumer acceptance of full fat and reduced fat cheeses in the Finnish market. Food Quality and Preference 2005, 16, 479–492

SINGH T.K., DRAKE M.A.; CADWALLADER K.R.: Flavor of cheddar Cheese: A chemical and sensory perspective. Comprehensive Reviews in Food Science and Food Safety 2003, 2, 166-189

TALAVERA-BIANCHI M., CHAMBERS D.H. Simplified lexicon to describe flavour characteristics of Western European cheeses. Journal of Sensory Studies 2008, 23, 468-484

TRUONG V.D., DAUBERT C.R., DRAKE M.A., BAXTER S.R. Vane rheometry for textural characterization of Cheddar cheese: correlation with other instrumental and sensory measurements. Lebensmittel-Wissenschaft und Technologie 2002, 35, 305-314

URBACH G. Relationships between cheese flavor and chemical composition. International Dairy Journal 1993, 3, 389–422

WEIMER B.C., SEEFELDT K., DIAS D. 1999. Sulfur metabolism in bacteria associated with cheese. In Antonie van Leeuwenhoek. Springer Verlag 1999, Heidelberg

ZHANG X.Y., GUO H.Y., ZHAO L., SUN W.F., ZENG S.S., LU X.M., CAO X., REN F.Z. Sensory profile and Beijing youth preference of seven cheese varieties. Food Quality and Preference 2011, 22, 101–109

Blauschimmelkäse

ANTONIOU K.D., PETRIDIS D., RAPHAELIDES S., OMAR Z.B., KESTELOOT R. Texture assessment of French cheeses. Journal of Food Science, 2000, 65, 168-172

DIEZHANDINO I., FERNANDEZ D., SACRISTAN N., COMBARROS-FUERTES P., PRIETO B., FRESNO J.M. Rheological, textural, colour and sensory characteristics of a Spanish blue cheese (Valdeon cheese). Food Science and Technology 2016, 65, 1118-1125

HEISSERER, D.M., CHAMBERS, E.I.V. Determination of the sensory flavour attributes of aged natural cheese. Journal of Sensory Studies 1993, 8, 121–132

LAWLOR J. B., DELAHUNTY C. M., SHEEHAN J., WILKINSON M. G. Relationships between sensory attributes and the volatile compounds, non-volatile and gross compositional constituents of six blue-type cheeses. International Dairy Journal 2003, 13, 481-494

LAWLOR J.B., and DELAHUNTY C.M. The sensory profile and consumer preference for ten speciality cheeses. International Journal of Dairy Technology 2000, 53, 28-36

RÉTIVEAU, A., CHAMBERS, D.H., ESTEVE, E. Developing a lexicon for the Flavour description of French cheeses. Food Quality and Preference 2005, 16, 517-527

TALAVERA-BIANCHI M., CHAMBERS D.H. Simplified lexicon to describe flavour characteristics of Western European cheeses. Journal of Sensory Studies 2008, 23, 468-484

Mozzarella

BELITZ H.D., GROSCH W., SCHIEBERLE P.: Lehrbuch der Lebensmittelchemie, 6. Auflage, Springer Verlag Berlin – Heidelberg, 2008, 557-561, 757-761, 796-797, 813-816, 832-833, 863-867

PAGLIARINI E., MONTELEONE E., WAKELING I. Sensory profile description of mozzarella cheese and its relationship with consumer preference. Journal of Sensory Studies 1997, 12, 285-301

ÖSTERREICHISCHES LEBENSMITTELBUCH IV. Auflage, Codexkapitel / B 32 / Milch und Milchprodukte, Wien, 2017

SAMEEN A., ANJUM F. M., HUMA N., NAWAZ H. Chemical composition and sensory evaluation of mozzarella cheese: influence by milk sources, fat levels, starter cultures and ripening period. Pakistan Journal of Agricultural Science 2010, 47(1) 26-31

TALAVERA-BIANCHI M., CHAMBERS D.H. Simplified lexicon to describe flavour characteristics of Western European cheeses. Journal of Sensory Studies 2008, 23, 468-484

Eier und Eiprodukte

DAMME, K.; HILDEBRAND, R.A. Geflügelhaltung - Legehennen, Puten- und Hähnchenmast. Eugen Ulmer Verlag, Stuttgart, 2002

FRANZKE C. Allgemeines Lehrbuch der Lebensmittelchemie. Behr's Verlag, Hamburg, 1996

JABOC J.P., MILES, R.D., MATHER, F.B. Egg Quality. University of Florida, Institute of Food and Agriculture Science (IFAS), Florida, 2011

KALLWEIT, E.; FRIES, R.; KIELWEIN, G.; SCHOLTYSSEK, S. Qualität tierischer Nahrungsmittel. Ulmer Verlag, Stuttgart, 1988

MAJCHRZAK D. Bericht zur sensorischen Evaluierung von Eier mittels QDA. Department für Ernährungswissenschaften, Universität Wien, 2016

VAN ELSWYK M.E., DAWSON P.L., SAMS A.R. Dietary Menhaden Oil influences sensory characteristics and headspace volatiles of shell eggs. Journal of Food Science 1995, 60 (1), 85-89

VOLLMER G., JOSST G., SCHENKER D., STURM W., VREDEN N. Lebensmittelführer Fleisch, Fisch, Eier, Milch, Fett, Gewürze, Süßwaren: Inhalte, Zusätze, Rückstände. Gemeinschaftsausgabe der Verlage: Dt. Taschenbuch-Verlag, München und Georg Thieme Verlag, Stuttgart und New York 1990

WILLIAMS, S.K.; DAMRON, B.L. Sensory and fatty acid profile of eggs from commercial hens fed rendered spent hen meal. Poultry Science 1999; 78: 614-617

Fette

Tierische Fette

Butter

BOBE G., HAMMOND, E.G., FREEMAN A.E., LINDBERG G.L., BEITZ D.C. Texture of butter from cows with different milk fatty acid compositions. Journal of Dairy Sciences 2003, 86, 3122–3127

EBERMANN R., ELMADFA I. Lehrbuch Lebensmittelchemie und Ernährung. 2. korrigierte und erweiterte Auflage. Springer Verlag, New York, Wien, 2011

HAWKE J., TAYLOR M. Influence on nutritional factors on the yield, composition and physical properties of milk fat. Advanced Dairy Chemistry 1994 (2) 37–77

JINJARAK S., OLABI A., JIMÉNEZ-FLORES R., WALKER J.H. Sensory, functional and analytical comparisons of whey butter with other butters. Journal of Dairy Sciences 2006, 89, 2428-2440

KRAUSE A.J., LOPETCHARAT K., DRAKE M.A. Identification of the characteristics that drive consumer liking of butter. Journal of Dairy Science 2007, 90, 2091–2102

KRAUSE A.J., MIRACLE R.E., SANDERS T.H., DEAN L.L., DRAKE M.A. The effect of refrigerated and frozen storage on butter flavor and texture. Journal of Dairy Science 2008, 91, 455–465

MAJCHRZAK D. Bericht zur sensorischen Evaluierung von Butter mittels QDA. Department der Ernährungswissenschaften, Universität Wien, 2015

ROHM H., ULBERTH F. Use of magnitude estimation in sensory texture analysis of butter. Journal of Texture Studies 1989, 20, 409-418

Pflanzliche Fette / Öle

Olivenöl

APARICIO R., MORALES M., ALONSO V. Authentication of European virgin olive oils by their chemical compounds, sensory attributes, and consumer's attitudes. Journal of Agricultural and Food Chemistry 1997, 45, 1076-1083

DI SERIO M.G., DI GIACINTO L., DI LORETO G., GIANSANTE L., PELLEGRINO M., VITO R., PERRI E. Chemical and sensory characteristics of Italian virgin olive oils from Grossa di Gerace cv. European Journal of Lipid Science and Technology, 2016, 118, 288–298

EBERMANN R., ELMADFA I. Lehrbuch Lebensmittelchemie und Ernährung. 2. korrigierte und erweiterte Auflage. Springer Verlag, New York, Wien, 2011

FUENTES M., DE MIGUELB C., RANALLIC A., FRANCOA M.N., MARTÍNEZD M., MARTÍN-VERTEDORA D. Chemical composition and sensory evaluation of virgin olive oils from “Morisca” and “Carrasqueña” olive varieties. Grasas y Aceites 2015, 66 (1) 061

INTERNATIONAL OLIVE OIL COUNCIL (IOOC). Sensory analysis of olive oil method organoleptic assessment of virgin olive oil. International Olive Oil Council, Madrid, Spain, 1996, 1-10

MUZZALUPO I., PELLEGRINO M., PERRI E. Sensory analysis of Virgin Olive Oils. In Olive Germplasm – The olive cultivation, table olive and olive oil industry in Italy, Muzzalupo ed. InTech, Italien, 2012

VALLI E., BENDINI A., POPPC M., BONGARTZC A. Sensory analysis and consumer acceptance of 140 high-quality extra virgin olive oils. Journal of the Science of Food and Agriculture 2014, 94, 2124–2132

VERORDNUNG (EG) Nr. 640/2008 der Kommission vom 4. Juli 2018 zur Änderung der Verordnung (EWG) Nr. 2568/91 über die Merkmale von Olivenölen und Oliventresterölen sowie die Verfahren zu ihrer Bestimmung. Amtsblatt der Europäischen Union Nr. L 178/11, vom 05.07.2008

Kürbiskernöl

AOCS Recommended Practice Cg. 2-83: Sampling and Analysis of Commercial Fats and Oils. Flavour Panel Evaluation of Vegetable Oils. 1992.

FRUHWIRTH G.O., HERMETTER A. Seeds and oil of the Styrian oil pumpkin: Components and biological activities. European Journal of Lipid Science and Technology 2007, 109, 1128- 1140

MAJCHRZAK D. Bericht zur sensorischen Evaluierung von Kürbiskernöl mittels QDA. Department der Ernährungswissenschaften, Universität Wien, 2015

NGUYEN H.T.T., POKORN`Y J. Sensory evaluation of stored and rancid edible oils. Nahrung 1998, 42, 409-411

POEHLMANN S., SCHIEBERLE P. Characterization of the aroma signature of Styrian pumpkin seed oil (cucurbita pepo subsp. pepo var. styriaca) by molecular sensory science. Journal of Agricultural and Food Chemistry 2013, 61, 2933-2942

SCHWARZ, S. Steirisches Kürbiskernöl: Beitrag der „geographisch geschützten Angabe" zur ländlichen Entwicklung. Diplomarbeit am Department für Wirtschafts- und Sozialwissenschaften. Institut für Agrar- und Forstwirtschaft an der Universität für Bodenkultur Wien. 2008

VUJASINOVI V., DJILAS S., DIMIC E., ROMANIC R., TAKACI A. Shelf life of cold-pressed pumpkin (cucurbita pepo l.) seed oil obtained with a screw press. Journal of the American Oil Chemists's Society 2010, 87, 1497–1505

Fleisch

Rindfleisch

ADHIKARI K., CHAMBERS E., MILLER R., VÁZQUEZ-ARAÚJO, BHUMIRATANA N., PHILIP C. Development of a lexicon for beef flavor in intact muscle. Journal of Sensory Studies 2011, 26, 413–420

DLG Expertenwissen Sensorik. Sensorische Analyse – Sensorik von Frischfleisch. Beeinflussende Faktoren und Untersuchungsmethoden. DLG Arbeitsblätter Sensorik 05/2011

EBERMANN R., ELMADFA I. Lehrbuch Lebensmittelchemie und Ernährung. 2. korrigierte und erweiterte Auflage. Springer Verlag, New York, Wien, 2011

MAUGHAN, C., TANSAWAT, R., CORNFORTH, D., WARD, R. and MARTINI, S. Development of a beef flavor lexicon and its application to compare the flavor profile and consumer acceptance of rib steaks from grass- or grain-fed cattle. Meat Science 2011, 90, 116–121

MILLER R.K., KERTH C. Identification of Compounds for Positive Beef Flavour. Project Summary. Texas A&M University, 2012

Schweinefleisch

BYRNE D.V., BREDIE W.L.P., MARTENS M. Development of a sensory vocabulary for warmed-over Flavour: part II. in Chicken Meat. Journal of Sensory Studies 1999, 14, 67-78

DLG Expertenwissen Sensorik. Sensorische Analyse – Sensorik von Frischfleisch. Beeinflussende Faktoren und Untersuchungsmethoden. DLG Arbeitsblätter Sensorik 05/2011

JONSÄLL A., JOHANSSON L., LUNDSTRÓM K. Effects of red clover silage and RN genotype on sensory quality of prolonged frozen stored pork (M. Longissimus dorsi). Food Quality and Preference 2000, 11, 371-376

JONSÄLL A., JOHANSSON L., LUNDSTRÓM K., ANDERSSON K.H., NILSEN A.N., RISVIK E. Effect of genotype and rearing systems on sensory characteristics and preference for pork (M. Longissimus dorsi). Food Quality and Preference 2002, 13, 73-80

RODRIGUES S., TEIXEIRA A. Effect of Breed and Sex on Pork Meat. Sensory Evaluation. Food and Nutrition Sciences, 2014, 5, 599-605

Fleischerzeugnisse

Schinken und Rohschinken

BARBIERI S., SOGLIA F. PALAGANO R., TESINI F., BENDINI A., PETRACCI M., CAVANI C., TOSCHI T.G. Sensory and rapid instrumental methods as a combined tool for quality control of cooked ham. Heliyon 2016, 2 (11)

DEL OLMO A., CALZADA J., GAYA J.P., NUÑEZ M. Proteolysis, Texture, and Sensory Characteristics of Serrano Hams from Duroc and Large White Pigs during Dry-Curing. Journal of Food Science 2013, 78 (3)

DLG Expertenwissen Sensorik. Sensorische Analyse – Sensorik von Frischfleisch. Beeinflussende Faktoren und Untersuchungsmethoden. DLG Arbeitsblätter Sensorik 05/2011

EBERMANN R., ELMADFA I. Lehrbuch Lebensmittelchemie und Ernährung. 2. korrigierte und erweiterte Auflage. Springer Verlag, New York, Wien, 2011

FLORES M., INGRAM, D.A., BETT, K.L., FIDEL, T., SPANIER, A.M. Sensory characteristics of Spanish "Serrano" dry-cured ham. Journal of Sensory Studies 1997, 12, 169-179

JIRA W., SADEGHI-MEHR A., BRÜGGEMANN D.A., SCHWÄGELE F. Production of dry-cured formed ham with different concentrations of microbial transglutaminase: Mass spectrometric analysis and sensory evaluation. Meat Science 2017, 129, 81–87

LOS F.G.B., GRANATO D., PRESTES R.C., DEMIATE I.M. Characterization of commercial cooked hams according to physicochemical, sensory, and textural parameters using chemometrics. Journal of Food Science and Technology 2014, 34(3), 577-584

SUGIMOTO M., OBIYA S., KANEKO M., ENOMOTO A., HONMA M. WAKAYAMA M., TOMITA M. Simultaneous analysis of consumer variables, acceptability and sensory characteristics of dry-cured ham. Meat Science 2016, 121, 210–215

YIM D.G., HONG D.I., CHUNG K.Y. Quality characteristics of dry-cured ham made from two different three-way crossbred pigs. Asian-Australasian Journal of Animal Sciences 2016, 29 (2) 257-262

Würste und Rohwürste

CARRAPISO A. I., MARTÍN-CABELLO L., TORRADO-SERRANO C., MARTÍN L. Sensory Characteristics and Consumer Preference of Smoked Dry-Cured Iberian Salchichon. International Journal of Food Properties 2015, 18,1964–1972

EBERMANN R., ELMADFA I. Lehrbuch Lebensmittelchemie und Ernährung. 2. korrigierte und erweiterte Auflage. Springer Verlag, New York, Wien, 2011

KAŠPAR L., BUCHTOVÁ H. Sensory evaluation of sausages with various proportions of Cyprinus carpio meat. Czech Journal of Food Science 2015, 33, (1) 45–51

ÖSTERREICHISCHES LEBENSMITTELBUCH (Codex Alimentarius Austriacus) IV. Auflage, Codexkapitel / B14 / Fleisch und Fleischerzeugnisse, 31.7.2017

PAULOS K., RODRIGUES S., OLIVEIRA A.F., LEITE A., PEREIRA E., TEIXEIRA A. Sensory characterization and consumer preference mapping of fresh sausages manufactured with goat and sheep meat. Journal of Food Science, 2015, 80, 7

PEÉREZ-CACHO, R.M.P., GALÁN-SOLDEVILLA, H., CRESPO, L.F., RECIO, M.G. Determination of the sensory attributes of a Spanish dry-cured sausage. Meat Science 2005, 71, 620-633

Fisch

ALEXI N., LAZO O., NANOU E., GUERRERO L., BYRNE D.V., GRIGORAKIS K. Sensory profiling of different fish species – a method comparison of CATA with consumers, CATA with semi-trained subjects and descriptive analysis. 7th European Conference on Sensory and Consumer Research (EUROSENSE), Dijon, France 2016

EBERMANN R., ELMADFA I. Lehrbuch Lebensmittelchemie und Ernährung. 2. korrigierte und erweiterte Auflage. Springer Verlag, New York, Wien, 2011

DLG Expertenwissen Sensorik. Spezielle Sensorik bei Fisch und Fischerzeugnissen. DLG Arbeitsblätter Sensorik 02/2012

DRAKE S.L., DRAKE M.A., DANIELS H.V., YATES M.D. Sensory properties of wild and and aquacultured southern flounder (Paralichthys Lethostigma). Journal of Sensory Studies 2006, 21, 218-227

GREEN-PETERSEN D.M.B., NIELSEN J., HYLDIG G. Sensory profile of the common salmon products on the Danish market. Journal of Sensory Studies 2006, 21, 415-427

JOHNSEN, P.B., KELLY, C.A. A technique for the quantitative sensory evaluation of farm-raised catfish. Journal of Sensory Studies 1990, 4, 189-199

MAJCHRZAK D. Bericht zur sensorischen Evaluierung von Räucherlachs mittels QDA. Department der Ernährungswissenschaften, Universität Wien, 2016

WARM K., NELSEN J., HYLDIG G. Sensory quality criteria for five fish species. Journal of Food Quality 2000, 23, 583-601

Getreide

Brot und Kleingebäck

Weizenbrot

BELITZ H.D., GROSCH W., SCHIEBERLE P. Lehrbuch der Lebensmittelchemie, Springer Verlag, Berlin Heidelberg, 2008

BRUNNMAIR A., MAJCHRZAK D. Chia (Salvia hispanica L.) als Zutat für glutenfreie Backwaren. Ernährung aktuell 2015, 3, 9-12

EBERMANN R., ELMADFA I. Lehrbuch Lebensmittelchemie und Ernährung. 2. korrigierte und erweiterte Auflage. Springer Verlag, New York, Wien, 2011

ELIA M. A. procedure for sensory evaluation of bread: Protocol developed by a trained panel. Journal of Sensory Studies 2011, 269-277

VINDRAS-FOUILLET C., RANKE O., ANGLADE J.P., TAUPIER-LETAGE B., CHABLE V., GOLDRINGER I. Sensory Analyses and Nutritional Qualities of Hand-Made Breads with Organic Grown Wheat Bread Populations. Food and Nutrition Sciences 2014, 5 (19), 1860-1874

GRAY J.A., BEMILLER J.N. Bread Staling: molecular basis and control. Comprehensive Reviews in Food Science and Food Safety 2003, 2, 1-21

GROSCH W., SCHIEBERLE P. Flavor of cereal products A review. Cereal Chemistry Journal,1997, 74 (2), 91-97

HAYAKAWA, F., UKAI, N., NISHIDA, J., KAZAMI, Y., KOHYAMA, K. Lexicon for the sensory description of French bread in Japan. Journal of Sensory Studies 2010, 25, 76-93

HEENAN S.P., DUFOUR J-P, HAMID N., HARVEY W., DELAHUNTY C.M. Characterisation of fresh bread flavour: Relationships between sensory characteristics and volatile compositions. Food Chemistry 2009, 116, 249-257

KILBERG I. Sensory Quality and consumer perception of Wheat Bread. Comprehensive Summaries of Uppsala Dissertations from the Faculty of Social Sciences 139. Acta Universitatis Uppsaliensis, Uppsala, 2004

KULP K., PONTE J.G. Staling of white pan bread Fundamental causes. Critical Reviews in Food Science and Nutrition 1981, 15 (1), 1-48

LOTONG V., CHAMBERS E. IV, CHAMBERS D.H. Determination of the sensory attributes of wheat sourdough bread. Journal of Sensory Studies 2000, 15, 309-326

MAJCHRZAK D. Bericht zur sensorischen Evaluierung von Weizentoastbrot mittels QDA. Department der Ernährungswissenschaften, Universität Wien, 2015

MAGA J.A., Bread flavor. CRC Critical Review Food and Technoloigy, 1974, 55 142

MANAL A.M., HASSAN, HEND M. A. Physico-chemical properties and sensory evaluation of toast bread fortified with different levels of white grapefruit (citrus paradise l.) Albedo Layer Flour. World Journal of Dairy & Food Sciences 2014, 9 (2), 228-234

MARTINEZ-ANAYA M.A. Enzymes and bread flavor. Journal of Agriculture and Food Chemistry 1996, 44(9), 2469-2480

MORAIS E.C., CRUZ A.G., FARIA J.A.F, BOLINI H.M.A. Probiotic gluten-free bread: Sensory profiling and drivers of liking. Food Science and Technology 2014, 55, 248-254

PEREIRA M.A., JACOBS D.R., PINS J.J., RAATZ S.K., GROSS M.D., SLAVIN J.L., SEAQUIST E.R. Effect of whole grains on insulin sensitivity in overweight hyperinsulinemic adults. The American Journal of Clinical Nutrition 2002, 75, (5), 848–855

SCHIEBERLE P., GROSCH W. Evaluation of the flavour of wheat and rye bread crusts by aroma extract dilution analysis. Zeitschrift für Lebensmitteluntersuchung und –Forschung A 1987a, 185, 111-113

SCHIEBERLE P., GROSCH W. Identification of the volatile flavour compounds of wheat bread crust – comparison with rye bread crust. Zeitschrift für Lebensmitteluntersuchung und –Forschung A 1985, 180, 474-478

SCHIEBERLE P., GROSCH W. Quantification of aroma compounds in wheat and rye bread crusts using a stable isotope dilution assay. Journal of Agriculture and Food Chemistry 1987b; 35: 252-257

SCHIRALDI A., FESSAS D. Mechanism of staling: An overview. In Bread Staling (ed. Chinachoti P., Vodovotz Y. CRC Press: Boca Raton, New York, 2001

SHOGREN R. L., MOHAMED A.A., CARRIERE C.J. Sensory Analysis of Whole Wheat/Soy Flour Breads, Journal of Food Science 2003, 68 (6), 2141-2145

VINDRAS-FOUILLET C., RANKE O., ANGLADE J-P., TAUPIER-LETAGE B., CHABLE V., GOLDRINGER I. Sensory analyses and nutritional qualities of hand-made breads with organic grown wheat bread populations. Food and Nutrition Sciences, 2014, 5, 1860-1874

WISCHNEWSKI C. Aromaveränderungen von Weizenbrot und feinen Backwaren während der Lagerung - Einfluss der Backtechnologie (Infrarot und Konventionell). Dissertation, Fachbereich Mathematik und Naturwissenschaften, Bergische Universität Wuppertal, 2008

ZHARFI S., MOVAHED S., CHENARBON H.A., LAVASANI A.R.S. Evaluation of sensory properties of toast breads containing banana powder. Indian Journal of Science and Technology 2012, 5 (8), 3163-3164

Teigwaren (Weizen)

ARAVIND N., SISSONS M., EGAN N., FELLOWS CH. Effect of insoluble dietary fiber addition on technological, sensory and structural properties of durum wheat spaghetti. Food Chemistry 2012, 130, 299-309

BUSTOS M.C., PEREZ G., LEÒN A.E. Sensory and nutritional attributes of fibre-enriched pasta. LWT - Food Science and Technology 2011, 44, 1429-1434

EBERMANN R., ELMADFA I. Lehrbuch Lebensmittelchemie und Ernährung. 2. korrigierte und erweiterte Auflage. Springer Verlag, New York, Wien, 2011

MAJCHRZAK D. Bericht zur sensorischen Evaluierung von Spaghetti mittels QDA. Department der Ernährungswissenschaften, Universität Wien, 2016

MARTINEZ C.S., RIBOTTA P.D., LEÒN A.E. ANTÒN M.C. Physical, sensory and chemical evaluation of cooked Spagetti. Journal of Texture Studies 2007, 38, 666-683

TANG C., HSIEH F., HEYMANN H., HUFF H.E. Analyzing and correlating instrumental and sensory data: a multivariante study of physical properties of cooked wheat noodles. Journal of Food Quality 1999, 22, 193-211

TORRES A., FRIAS J., GRANITO M., GUERRA M., VIDAL-VALVERDE, C. Chemical, biological and sensory evaluation of pasta products supplemented with α-galactoside-free lupin flours. Journal of the Science of Food and Agriculture 2007, 87, 74-81

Gemüse

Wurzel- und Knollengemüse

Kartoffel und Süßkartoffel

EBERMANN R., ELMADFA I. Lehrbuch Lebensmittelchemie und Ernährung. 2. korrigierte und erweiterte Auflage. Springer Verlag, New York, Wien, 2011

LEIGHTON C.S., SCHÖNFELDT H.C., KRUGER R. Quantitative descriptive sensory analysis of five different cultivars of sweet potato to determine sensory and textural profiles. Journal of Sensory Studies 2010, 25, 2-18

LEKSRISOMPONG P.P., WHITSON M.E., TRUONGV.D., DRAKE M.A. Sensory attributes and consumer acceptance of sweet potato cultivars with varying flesh colors. Journal of Sensory Studies 2012, 27, 59–69

MAHNKE-PLESKER S., BUCHECKER K., BÖHM H., WESTHUES F. Zusammenhang zwischen Sensorik und Anbauparametern von Bio-Kartoffeln nach Ernte und Lagerung. Landbauforschung 2011, 348, 1-13

MAREČEK J., MUSILOVÁ J., FRANČÁKOVÁ H., MENDELOVÁ A., KRAJČOVIČ T., LABUDA J., HELDÁK J. Sensory and technological quality of slovak varieties of edible potatoes. Journal of Microbiology, Biotechnology and Food Sciences 2015, 4, 106-108

MONTOUTO-GRANA M., CABANAS-ARIAS S., PORTO-FOJO S., VÁZQUEZ-ODÉRIZ L., ROMERO-RODRÍGUEZ A. Sensory Characteristics and Consumer Acceptance and Purchase Intention Toward Fresh-Cut Potatoes. Journal of Food Science 2012, 71, 1

PARDO J.E., ALVARRUIZ A., PEREZ J.I., GOMEZ R., VARON R. Physical-chemical and sensory quality evaluation of potato varieties (Solanum tuberosum l.). Journal of Food Quality 2000, 23, 149-160

SEEFELDT H.F., TØNNING E., THYBO A. K. Exploratory sensory profiling of three culinary preparations of potatoes (Solanum tuberosum L.). Journal of Science and Food Agriculture 2011, 91, 104–112

Blattgemüse

EBERMANN R., ELMADFA I. Lehrbuch Lebensmittelchemie und Ernährung. 2. korrigierte und erweiterte Auflage. Springer Verlag, New York, Wien, 2011

HONGSOONGNERN P., CHAMBERS E. A lexicon for texture and flavor characteristics of fresh and processed tomatoes. Journal of Sensory Studies 2008, 23, 583-599

TALAVERA-BIANCHI, M. CHAMBERS IV E., CHAMBERS D.H. Lexicon to describe flavor of fresh leafy vegetables. Journal of Sensory Studies 2010, 25, 163-183

KING B.M., ARENTS P., DUINEVELD A.A., MEYNERS M., SCHROFF S.I., SOEKHAL S.T. Orthonasal and Retronasal Perception of Some Green Leaf Volatiles Used in Beverage Flavors. Journal of Agricultural and Food Chemistry 2006, 54 (7), 2664-2670

Gemüsefrüchte

Tomaten und Tomatenprodukte

BAYOD E., WILLERS E.P., TORNBERG E. Rheological and structural characterization of tomato paste and its influence on the quality of ketchup. LWT –Food Science and Technology 2008, 41, 1289-1300

BELITZ H.D, GROSCH W, SCHIEBERLE P. Lehrbuch der Lebensmittelchemie, Springer Verlag, Berlin Heidelberg, 2008

BERNA A.Z., LAMMERTYN J., BUYSENS S., DI NATALE C., NICOLAY B.M. Mapping consumer liking of tomatoes with fast aroma profiling techniques. Postharvest Biology and Technology 2005, 38, 115-127

EBERMANN R., ELMADFA I. Lehrbuch Lebensmittelchemie und Ernährung. 2. korrigierte und erweiterte Auflage. Springer Verlag, New York, Wien, 2011

EISINGER K., MAJCHRZAK D. Aromastoffe in ausgewählten alltäglichen Lebensmitteln. Ernährung/Nutrition 2010, 34, 14-21

HONGSOONGNERN P., CHAMBERS E. A lexicon for texture and flavor characteristics of fresh and processed tomatoes. Journal of Sensory Studies 2008, 23, 583-599

KREISSL J., SCHIEBERLE P. Einfluss des Verarbeitungsprozesses auf die Bildung wertgebender Aromastoffe in Tomatenprodukten. Bericht Deutsche Forschungsanstalt für Lebensmittelchemie Weihenstephan 2010, 36- 39

KRUMBEIN A., PETERS P., BRÜCKNER B. Flavour compounds and a quantitative descriptive analysis of tomatoes (Lycopersicon esculentum Mill.) of different cultivars in short-term storage. Postharvest Biology and Technology 2004, 32, 15-28

MAJCHRZAK D. Bericht zur sensorischen Evaluierung von Tomatenketchup mittels QDA. Department der Ernährungswissenschaften, Universität Wien, 2016

PLANOVSKÀ Z., STERN P., VACHOVA A., LUKSESOVA D., POKORNY J. Textural and flavour characteristics of commercial tomato ketchups. Czech Journal of Food Science 2009, 27, 165-170

STERN D.J., BUTTERY R.G., TERANISHI R., LING L. Effect of storage and ripening on fresh tomato quality. Food Chemistry 1994, 49, 225-231

THAKUR B.R., SINGH R.K., NELSON P.E. Quality attributes of processed tomato products: a review. Food Reviews International, 1996, 12 (3) 375-401

TORBICA A., BELOVIC M., MASTILOVIC J., KEVRESAN Z., PESTORIC M., SKROBOT D., DAPCEVIC HADNADEV T. Nutritional, rheological, and sensory evaluation of tomato ketchup with increased content of natural fibres made from tomato pomace. Food and Bioproducts Processing 2016, 98, 299-309

Essiggurken

JOHANNINGSMEIER S.D., THOMPSON R.L., FLEMING H.P. Bag-in-Box Technology: Sensory quality of pickles produced from process-ready, fermented cucumbers. Pickel Pak Science, 2002, 8 (1), 26-3

MAJCHRZAK D. Bericht zur sensorischen Evaluierung von Essiggurken mittels QDA. Department der Ernährungswissenschaften, Universität Wien, 2016

PEVICHAROVA G., VELKOV N. Sensory analysis of cucumber varieties at different harvest times II. Pickling cucumbers. Journal of Central European Agriculture 2009, 10 (3), 289-296

ROSENBERG L.B. Texture of pickles produced from commercial scale cucumber fermentation using calcium chloride instead of sodium chloride. Master Thesis, Faculty of North Carolina State University, 2013

ROSE H-J. Die Küchenbibel. Enzyklopädie der Kulinaristik. Tre Torri, Berlin, 2007

Hülsenfrüchte und Ölsamen

Erbsen

BERGER M., KÜCHLER T., MAASZEN A., BUSCH-STOCKFISCH M., STEINHART H. Correlations of ingredients with sensory attributes in green beans and peas under different storage conditions. Food Chemistry 2007, 103 (3) 875-884

EBERMANN R., ELMADFA I. Lehrbuch Lebensmittelchemie und Ernährung. 2. korrigierte und erweiterte Auflage. Springer Verlag, New York, Wien, 2011

HERRMANN K. Gemüse und Gemüseerzeugnisse. Kap. 14, S. 183-206. In: TIMM F. HERRMAN K., KIERMEIER F.: Tiefgefrorene Lebensmittel. Band 12, 2. Auflage, Blackwell Wissenschafts-Verlag Berlin Wien, 1996

KÖLBL S. Die Beurteilung der Qualität von grünen Erbsen anhand der chemischen Zusammensetzung und sensorischen Charakterisierung. Diplomarbeit, Department der Ernährungswissenschaften, Universität Wien, 2010

LEE C. Green Peas. Kap. 5, S. 160-183. In: ESKIN, N.: Quality and preservation of vegetables, CRC Press, Taylor and Francis Group, Florida, 1989

MAX-PLANCK-INSTITUT. Kulturpflanzenausstellung, Gartenerbse. Max-Planck-Gesellschaft zur Förderung der Wissenschaften e.V., München; Online-Informationen zu verschiedenen Kulturpflanzen, 2009

PERIAGO M., ROS G., MARTÍNEZ C, RINCÓN F., LOPEZ G, ORTUNO J. , RODRIGO J. Relationships between physical-chemical composition of raw peas and sensory attributes of canned peas. Journal of Food Quality 1996b, 19, (2) 91-106

SOUCI S., FACHMANN W., KRAUT H. Die Zusammensetzung der Lebensmittel Nährwert Tabellen. 7. Auflage. Wissenschaftliche Verlagsgesellschaft mbH, Deutschland, 2008

WIENBERG L., MARTENS M. Sensory quality criteria for cold versus warm green peas studied by multivariate data analysis. Journal of Food Quality 2000, 23, (6) 565-581

Sojabohne

EBERMANN R., ELMADFA I. Lehrbuch Lebensmittelchemie und Ernährung. 2. korrigierte und erweiterte Auflage. Springer Verlag, New York, Wien, 2011

GERDE J. A., WHITE P.J. Soybeans: chemistry, production, processing and utilization. AOCS Press, Champaign, Illinois, 2008

KRINSKY B.F., DRAKE M.A., CIVILLE G.V., DEAN L.L., HENDRIX K.W., SANDERS T.H. The development of a lexicon for frozen vegetable soybeans (edamame). Journal of Sensory Studies 2006, 21, 644–653

N'KOUKA K.D., KLEIN B.P., LEE S.Y. Developing a Lexicon for Descriptive Analysis of Soymilks. Journal of Food Science 2004, 69 (7), 259-263

Sojamilch

EBERMANN R., ELMADFA I. Lehrbuch Lebensmittelchemie und Ernährung. 2. korrigierte und erweiterte Auflage. Springer Verlag, New York, Wien, 2011

CHAMBERS IV E., JENKINS A., MCGUIRE B.H. Flavor properties of plain soymilk. Journal of Sensory Studies 2006, 21, 165–179

MA L., LI B., HAN F., YAN S., WANG L., SUN J. Evaluation of the chemical quality traits of soybean seeds, as related to sensory attributes of soymilk. Food Chemistry 2015, 173, 694–701

N'KOUKA K.D., KLEIN B.P., LEE S.Y. Developing a Lexicon for Descriptive Analysis of Soymilks. Journal of Food Science 2004, 69 (7), 259-263

TORRES-PENARANDA A. V., REITMEIER C.A. Sensory descriptive analysis of soymilk. Journal of Food Science 2001, 66, 352–356

YANG A., SMYTH H., CHALIHA M., JAMES A. Sensory quality of soymilk and tofu from soybeans lacking lipoxygenases. Food Science and Nutrition 2016, 4(2), 207–215

Früchte

Kernobst

Apfel

APREA E., COROLLARO, M.L., BETTA E., ENDRIZZI I., DEMATTÈ L.M., BIASIOLI F., GASPERI F. Sensory and instrumental profiling of 18 apple cultivars to investigate the relation between perceived quality and odour and flavor. Food Research International 2012, 49, 677–686

BELITZ H.D, GROSCH W, SCHIEBERLE P. Lehrbuch der Lebensmittelchemie. Springer Verlag, Berlin, Heidelberg, 2008

CLIFF M.A., LAU O.L., KING M.C. Sensory characteristics of controlled atmosphere- and air-stored ´Gala´ apples, Journal of Food Quality 1998, 21, 239-249

COROLLARO M.L., APREA E., ENDRIZZIA I., BETTA E., DEMATTÈA L.M., CHARLESA M., BERGAMASCHIA M., COSTA F., BIASIOLIA F., GRAPPADELLIB L.C., GASPERI F. A combined sensory-instrumental tool for apple quality evaluation. Postharvest Biology and Technology 2014, 96, 135–144

DAILLANT-SPINNLER B., MACFIE, H.J.H., BEYTS P.K., HEDDERLEY D. Relationship between perceived sensory properties and major preference directions of 12 varieties of apples from southern hemisphere. Food Quality and Preference 1996, 7 (2), 113-126

DIXON, J., HEWETT, E. W. Factors affecting apple aroma/flavour volatile concentration: A review. New Zealand Journal of Crop and Horticultural Science 2000, 28, 155–173

EISINGER K., MAJCHRZAK D. Aromastoffe in ausgewählten alltäglichen Lebensmitteln. Ernährung/Nutrition 2010, 34, 14-21

GIRARD B., LAU O.L. Effect of maturity and storage on quality and volatile production of "Jonagold" apples. Food Research International 1995, 28, 465-471

KARLSEN A.M., AABY K., SIVERTSEN H., BAARDSETH P., ELLEKJAER M.R. Instrumental and sensory analysis of fresh Norwegian and imported apples. Food Quality and Preference 1999, 10 305 - 314

LO SCALZO R., TESTONI A., GENNA A. "Annurca" apple fruit, a southern Italy apple cultivar: textural properties and aroma composition. Food Chemistry 2001, 73, 333–343

SONG J., BANGERTH F. The effect of harvest date on aroma compound production from "Golden Delicious" apple fruit and relationship to respiration and ethylene production. Postharvest Biology and Technology 1996, 8, 259–269

VANOLI M, VISAI C, RIZZOLO A. The influence of harvest date on the volatile composition of "Starkspur Golden" apples. Postharvest Biology and Technology 1995, 6, 225-234

WILLIAMS A.A., CARTER C.S. A Language and procedure for the sensory assessment of Cox's Orange Pippin apples. Journal of the Science of Food and Agriculture 1977, 28, 1090-1104

Obst- und Beeren-Säfte, -Nektare, -Sirupe

Apfelsaft

EISINGER K., MAJCHRZAK D. Aromastoffe in ausgewählten alltäglichen Lebensmitteln. Ernährung/Nutrition 2010, 34, 14-21

HEIKEFELT C. Chemical and sensory analyses of juice, cider and vinegar produced from different apple cultivars. Degree project in the Horticultural Science Programme. Swedish University of Agricultural Sciences, 2011

JANUSZEWSKA R., METTEPENNINGEN E., MAJCHRZAK D., WILLIAMS H. G., MAZUR J., REICHL, P., REGOURD A., JUKNA V., TAGARINO D., KONOPACKA D., KACZMAREK U., JAWORSKA D., WOJTAL S., SABAU M., COFARI A., TOMIC N., KINNEAR M., DE KOCK H.L., CHAYA, C., FERNÁNDEZ-RUIZ V., BRUGGER C., PEYER L., ALDREDGE T.L., VALENZUELA-ESTRADA M. Sensory evaluation of industrial and regional apple juice: does regional embeddedness influence taste perception. 9th Pangborn Sensory Science Symposium, 4-8 September 2011, Toronto, Canada

JANUSZEWSKA R., METTEPENNINGEN E., MAJCHRZAK D., WILLIAMS H. G., MAZUR J., REICHL, P., REGOURD A., JUKNA V., TAGARINO D., KONOPACKA D., KACZMAREK U., JAWORSKA D., WOJTAL S., SABAU M., COFARI A., TOMIC N., KINNEAR M., DE KOCK H.L., CHAYA, C., FERNÁNDEZ-RUIZ V., BRUGGER C., PEYER L., ALDREDGE T.L., VALENZUELA-ESTRADA M. Segmenting consumers by emotional link to the region to explore attitudes and sensory preferences towards locally and globally manufactured apple juices. 11th Sensometrics Conference, 2012, Rennes, France

JANUSZEWSKA R., METTEPENNINGEN E., MAJCHRZAK D., WILLIAMS H. G., MAZUR J., REICHL, P., REGOURD A., JUKNA V., TAGARINO D., KONOPACKA D., KACZMAREK U., JAWORSKA D., WOJTAL S., SABAU M., COFARI A., TOMIC N., KINNEAR M., DE KOCK H.L., CHAYA, C., FERNÁNDEZ-RUIZ V., BRUGGER C., PEYER L., ALDREDGE T.L., VALENZUELA-ESTRADA M. Regional Embeddedness Segments Across Fifteen Countries. Journal of Culinary Science and Technology 2013, 11, 322-335

KOMTHONG P., IGURA N., SHIMODA M. Effect of ascorbic acid on the odours of cloudy apple juice. Food Chemistry 2007, 100, 1342-1349

KOMTHONG P., KATOH T., IGURA N., SHIMODA M. Changes in the odours of apple juice during enzymatic browning. Food Quality and Preference 2006, 17, 497-504

MAJCHRZAK D., BINDER G. Antioxidative Kapazität von Apfelsaft – klare und naturtrübe Apfelsäfte im Vergleich. Ernährung/Nutrition 2009, 33, 408-417

OKAYASU H., NAITO S. Sensory characteristics of apple juice evaluated by consumer and trained panels. Journal of Food Science 2001, 66, 1025-1029

Orangensaft

EISINGER K., MAJCHRZAK D. Aromastoffe in ausgewählten alltäglichen Lebensmitteln. Ernährung/Nutrition 2010, 34, 14-21

ELSS S., KLEINHENZ S., SCHREIER P. Odor and taste thresholds of potential carry-over/off-flavor compounds in orange and apple juice. Lebensmittel-Wissenschaft und Technologie 2007, 40, 1826-1831

JIA M., ZHANG H., MIN D.B. Pulsed electric field processing effects on flavour compounds and microorganisms of orange juice. Food Chemistry 1999, 65, 445-451

JORDÁN M.J., GOODNER K.L., LAENCINA J. Deaeration and pasteurization effects of the orange juice aromatic fraction. Lebensmittel-Wissenschaft und Technologie 2003, 36, 391-196

MAJCHRZAK D. Bericht zur sensorischen Evaluierung von Orangensaft mittels QDA. Department der Ernährungswissenschaften, Universität Wien, 2015

PETERSEN M.A, TØNDER D, POLL L. Influence of storage and temperature on aroma of orange juice. Food Quality and Preference 1996 7, 339

RUIZ PÉREZ-CACHO P., GALAN-SOLDEVILLA H., MAHATTANATAWEE K., ELSTON A., ROUSEFF R.L. Sensory Lexicon for Fresh Squeezed and Processed Orange Juices. Food Science and Technology International 2008, 14, 131-141

SCHIEBERLE P., HOFMANN T. Untersuchungen zur Aromacharakterisierung bei der Herstellung und Lagerung von Orangensaft aus Konzentrat im Vergleich zu Direktsaft. Forschungskreis der Ernährungsindustrie e.V. (FEI), Projektkurzbericht AiF 11569 N, Bonn, 2001

TØNDER D., PETERSEN M.A., POLL L., OLSEN C.E. Discrimation between freshly made and stored reconstituted orange juice using GC odour profiling and aroma values. Food Chemistry 1998, 61, 223-229

SHAW P.E., ROUSE R.L., GOODNER K.L., BAZEMORE R., NORDBY H.E., WIDMER W.W. Comparison of Headspace GC and Eletronic Sensor Techniques for classification of processed orange juices. Lebensmittel-Wissenschaft und Technologie 2000, 33, 331-334

Traubensaft

BELITZ H.D., GROSCH W., SCHIEBERLE P. Lehrbuch der Lebensmittelchemie. 6. Auflage. Springer Verlag, New York, 2008

EBERMANN R., ELMADFA I. Lehrbuch Lebensmittelchemie und Ernährung. 2. korrigierte und erweiterte Auflage. Springer Verlag, New York, Wien, 2011

MEULLENET J.-F., LOVELY C., THRELFALL R., MORRIS J.R., STRIEGLER R.K. An ideal point density plot method for determining an optimal sensory profile for Muscadine grape juice. Journal of Food Quality and Preference 2008, 19, 210–219

Pfirsichsaft, -nektar

BELITZ H.D., GROSCH W., SCHIEBERLE P. Lehrbuch der Lebensmittelchemie. 6. Auflage. Springer Verlag, New York, 2008

CARDOSO J.M.P., BOLINI H.M.A. Descriptive profile of peach nectar sweetened with sucrose and different sweeteners. Journal of Sensory Studies 2008, 23, 804-816

HERRMANN K. Inhaltsstoffe von Obst und Gemüse, Ulmer, Stuttgart, 2001

RIU-AUMATELL M., CASTELLARI M., LÓPEZ-TAMAMES E., GALASSI S., BUXADERS S. Characterisation of volatile compounds of fruit juices and nectars by HS/SPME and GC/MS. Food Chemistry 2004, 87, 627-637

Mandarinensaft

BIBLIOGRAPHISCHES INSTITUT GmbH Dudenverlag. Die Mandarine. Berlin, 2018

CARBONELL L., IZQUIERDO L. AND CARBONELL I. Sensory analysis of Spanish mandarin juices. Selection of attributes and panel performance. Food Quality and Preference 2007, 18 (2) 329-341

EBERMANN R., ELMADFA I. Lehrbuch Lebensmittelchemie und Ernährung. 2. korrigierte und erweiterte Auflage. Springer Verlag, New York, Wien, 2011

Obst- und Beeren-Marmeladen, - Konfitüren, - Gelees

Marillenmarmelade / Aprikosenkonfitüre

EISINGER K., MAJCHRZAK D. Aromastoffe in ausgewählten alltäglichen Lebensmitteln. Ernährung/Nutrition 2010, 34, 14-21

GUILLOT S., PAYTAVI L., BUREAU S., BOULANGER R., LEPOUTRE J.-P., CROUZET J., SCHORR-GALINDO S. Aroma characterization of various apricot varieties using headspace-solid phase microextraction combined with gas chromatography-mass spectrometry and gas chromatography-olfactometry. Food Chemistry 2006, 96, 147-155

KOPITAR E.M. Veränderungen der sensorischen Eigenschaften und des Carotinoid-Gehalts von Marillen nach der Verarbeitung (Trocknung). Diplomarbeit, Department der Ernährungswissenschaften, Universität Wien, 2008

LESPINASSE N., LICHOU J., CHAMET C., PINET C., BROQUAIRE J.M. Sensory evaluation on apricots: descriptive analysis. XII International Symposium on Apricot Culture. Acta Horticulturae, 2006, 701, 595-597

MAJCHRZAK D. Bericht zur sensorischen Evaluierung von Marillen Konfitüre mittels QDA. Department der Ernährungswissenschaften, Universität Wien, 2015

ROSENFELD H.J., NES A. Prediction of sensory quality of strawberry jam by means of sensory quality attributes of fresh fruit. Journal of the Science of Food and Agriculture 80, 1895-1902, 2000

SKREDE G. Quality characterisation of strawberries for industrial jam production. Journal of the Science of Food and Agriculture 1983, 33, 48-54

VALENTINI N., MELLANO M. G., ANTONIONI I, BOTTA R. Chemical, physical and sensory analysis for evaluating quality of apricot cultivars. XII International Symposium on Apricot Culture. Acta Horticulturae, 2006, 701, 559-563

WAHL M. Sensorische Prüfungen unter standardisierten und nicht standardisierten Bedingungen. Diplomarbeit, Department der Ernährungswissenschaften, Universität Wien, 2010

WURM L., BACHINGER K., RÖGNER J., SCHREIBER R., PIEBER K., SPORNBERG A. Marillen: Anbau, Pflege, Verarbeitung. Österreichischer Agrarverlag, Wien, 2002

Schalenfrüchte (Nüsse)

Mandeln

ALMOND BOARD OF CALIFORNIA. Haltbarkeit und sensorische Eigenschaften – Qualitätssicherung kalifornischer Mandeln. Almond Board of California 2014

CIVILLE G.V., LAPSLEY K, HUANG G., YADA S. and SELTSAM J. Development of an almond lexicon to assess the sensory properties of almond varities. Journal of Sensory Studies 2010, 25, 146-162

DLG Expertenwissen Sensorik. Spezielle Sensorik bei Nüssen und Schalenfrüchten. DLG-Expertenwissen Sensorik 05/2014

EBERMANN R., ELMADFA I. Lehrbuch Lebensmittelchemie und Ernährung. 2. korrigierte und erweiterte Auflage. Springer Verlag, New York, Wien, 2011

Walnüsse

COLARIČ M., ŠTAMPAR F., HUDINA M., SOLAR A., Sensory evaluation of different walnut cultivars (Juglans regia L.). Acta Agriculturae Slovenica 2006, 87 (2), 403-413

DLG Expertenwissen Sensorik. Spezielle Sensorik bei Nüssen und Schalenfrüchten. DLG-Expertenwissen Sensorik 05/2014

EBERMANN R., ELMADFA I. Lehrbuch Lebensmittelchemie und Ernährung. 2. korrigierte und erweiterte Auflage. Springer Verlag, New York, Wien, 2011

LEE J., VÁZQUEZ-ARAÚJO L., ADHIKARI K., WARMUND M., ELMORE, J. Volatile compounds in light, medium, and dark black walnut and their influence on the sensory aromatic profile. Journal of Food Science 2011, 76, 199-C204

LYNCH C.A. Sensory profiles and seasonal variation of black walnut cultivars and the relationship between sensory characteristics and consumer acceptance of black walnut gelato. Masterthesis, Department of Food Science, Kansas State University, 2015

MILLER A.E., CHAMBERS D.H. Descriptive analysis of flavor characteristics for black walnut cultivars. Journal of Food Science 2013b, 78, 887-893

SINESIO F., MONETA E. Sensory evaluation of walnut fruit. Food Quality and Preference 1997, 8, 35-43

WARMUND M.R., ELMORE J.R., ADHIKARI K., MCGRAW S. Descriptive sensory analysis of light, medium, and dark colored kernels of black walnut cultivars. Journal of the Science of Food and Agriculture 2009, 89 (11), 1969-1972

Erdnüsse

EBERMANN R., ELMADFA I. Lehrbuch Lebensmittelchemie und Ernährung. 2. korrigierte und erweiterte Auflage. Springer Verlag, New York, Wien, 2011

JOHNSEN P.B., CIVILLE G.V., VERCELLOTTI J.R., SANDERS T.H., DUS C.A. Development of a lexicon for the description of peanut Flavour. Journal of Sensory Studies 1988, 3, 9-17

LYKOMITROS D., FOGLIANO V., CAPUANO E. Flavor of roasted peanuts (Arachis hypogaea) - Part I: Effect of raw material and processing technology on flavor, color and fatty acid composition of peanuts. Food Research International 2016, 89 (1), 860-869

McNEILL K.L., SANDERS T.H., CIVILLE G.V. Descriptive analysis of commercially available creamy style peanut butters. Journal of Sensory Studies 2002, 17, 391-414

NEPOTE V., MESTRALLET M.G., OLMEDO R.H., RYAN L.C., CONCI S., GROSSO N.R. Chemical composition and sensory analysis of roasted peanuts coated with prickly pear and algarrobo pod syrups. Grasas y Aceites 2008, 59 (2), 174-181

PATTEE H.E., GIESBRECHT F.G., ISLEIB T.G. Sensory Attribute Variation in Low-Temperature-Stored Roasted Peanut Paste. Journal of Agricultural and Food Chemistry 1997, 47 (6), 2415-2420

Honig, Zucker und Süsswaren

Honig

CASTRO-VAZQUES L., DIAZ-MAROTO M.C. GONZÁLES-VINAS M.A., PEREZ-COELLO M. S. Differentiation of monofloral citrus, rosemary, eucalyptus, lavender, thyme and heather honeys based on volatile composition and sensory descriptive analysis. Food Chemistry 2009, 112, 1022–1030

CASTRO-VAZQUES L., DIAZ-MAROTO M.C., DE TORRES C., PEREZ-COELLO M. S. Effect of geographical origin on the chemical and sensory characteristics of chestnut honeys. Food Research International 2010, 43, 2335–2340

EBERMANN R., ELMADFA I. Lehrbuch Lebensmittelchemie und Ernährung. 2. korrigierte und erweiterte Auflage. Springer Verlag, New York, Wien, 2011

GALAN-SOLDEVILLA H., RUIZ-P EREZ-CACHO M.P., SERRANO JIM ENEZ S., JODRAL VILLAREJO M., BENTABOL MANZANARES A. Development of a preliminary sensory lexicon for floral honey. Journal of Food Quality and Preference 2005, 16, 71-77

GONZÁLEZ M.M., LORENZO C., PÉREZ R.A. Development of a Structured Sensory Honey Analysis: Application to Artisanal Madrid Honeys. Food Science and Technology International 2010, 16, 19-29

GONZALEZ-VIŇAS M.A., MOYA A., CABEZUDO M.D. Description oft he sensory Characteritics of Spanish unifloral honeys by free choice profiling. Journal of Sensory Studies 2003, 18, 103-113

HORN H., LÜLLMANN C. Das große Honigbuch – Entstehung, Gewinnung, Gesundheit und Vermarktung, 3. Auflage, Kosmos Verlag GmbH & Co Stuttgart, 2006

MARCAZZAN G.L., MUCIGNAT-CARETTA C., MARCHESE C.M., PIANA M.L. A review of methods for honey sensory analysis. Journal of Agricultural Research 2018, 57, 75-87

ÖSTERREICHISCHES LEBENSMITTELBUCH IV. Auflage, Kapitel / B 3 / Honig und andere Imkereierzeugnisse, Wien, 26.07.2017

PIANA M.L., PERSANO ODDO L., BENTABOL A., BRUNEAU E., BOGDANOV S., GUYOT DECLERCK C. Sensory analysis applied to honey: state of the art. Apidologie 2004, 35, 26–37

RIMBACH G., MÖHRING J., ERBERSDOBLER H. F. Lebensmittelwarenkunde für Einsteiger. Springer Verlag, Berlin Heidelberg, 2010

SCHLEGER B. Sensorische Charakterisierung von österreichischen Blüten- und Waldhonigen, Diplomarbeit, Department der Ernährungswissenschaften, Universität Wien, 2012

VERORDNUNG DER BUNDESMINISTERIN FÜR GESUNDHEIT UND FRAUEN ÜBER HONIG (Honigverordnung) StF: BGBl. II Nr. 40/2004, Änderungen: BGBl. II Nr. 209/2015

VON DER OHE W., JANKE M., VON DER OHE K. Was ist ein Sortenhonig? Das Institut für Bienenkunde informiert (2006) 44, 1-3

Eiscreme

AYYAVOO P.M., RAMASAMY D., JAYACHANDRAN S. Sensory Evaluation of natural identical vanilla flavor ice cream. International Journal of Current Research 2013, 5(4), 1016-1017

CADENA R.S., CRUZ A.G., FARIA J.A.F., BOLINI H.M.A. Reduced fat and sugar vanilla ice creams: Sensory profiling and external preference mapping. Journal of Dairy Science 2012, 95, 4842–4850

EBERMANN R., ELMADFA I. Lehrbuch Lebensmittelchemie und Ernährung. 2. korrigierte und erweiterte Auflage. Springer Verlag, New York, Wien, 2011

FLORES A.A., GOFF H.D.: Ice crystal size distributions in dynamically frozen model solutions and ice as affected by stabilizers. J. Dairy Sci. 1999, 82, 1399-1407

HYVÖNEN L., LINNA M., TUORILA H., DIJKSTERHUIS G. Perception of melting and flavor release of ice cream containing different types and contents of fat. Journal of Dairy Science 2003, 86, 1130–1138

LI Z., MARSHALL R.H. FERNANDO H.L. Effect of milk fat content on flavor perception of vanilla ice cream. Journal of Dairy Science 1997, 80, 3133-3141

MAJCHRZAK D. Bericht zur sensorischen Evaluierung von Bourbon-Vanille Eis mittels QDA. Department der Ernährungswissenschaften, Universität Wien, 2017

MI-JUNG C., KWANG-SOON S. Studies on physical and sensory properties of premium vanilla ice cream distributed in Korean Market. Korean Journal for Food Science of Animal Resources 2014, 34(6), 757-762

THOMPSON K.R., CHAMBERS D.H., CHAMBERS E. IV. Sensory Characteristics of ice cream produced in the U.S.A and Italy. Journal of Sensory Studies 2009, 24, 396-414

Alkoholhaltige Getränke

Wein

BAKER A.K., ROSS C.F. Sensory evaluation of impact of wine matrix on red wine finish: a preliminary study. Journal of Sensory Studies 2014, 29, 139-148

BALLESTER J., MIHNEA M., PEYRON D., VALENTIN D. Exploring minerality of Burgundy Chardonnay wines: a sensory approach with wine experts and trained panelists. Australian Journal of Grape and Wine Research 2013, 19, 140–152

BELITZ H.D., GROSCH W., SCHIEBERLE P. Lehrbuch der Lebensmittelchemie. 6. Auflage. Springer Verlag, New York, 2008

CAILLÉ S., SALMON J-M., BOUVIER N., ROLAND A., SAMSON A. Modification of the olfactory sensory characteristics of Chardonnay wine through the increase in sotolon concentration. Food Quality and Preference 2017, 56, 225–230

CAMPO E., FERREIRA V., VALENTIN D. Aroma properties of young Spanish monovarietal white wines: a study using sorting task, list of terms and frequency of citation. Australian Journal of Grape and Wine Research 2008, 14, 104–115

DARICI M., CABAROGLU T., FERREIRA V., LOPEZ R. Chemical and sensory characterisation of the aroma of Çalkarası rosé wine. Australian Journal of Grape and Wine Research 2014, 20(3), 340–346

EBERMANN R., ELMADFA I. Lehrbuch Lebensmittelchemie und Ernährung. 2. korrigierte und erweiterte Auflage. Springer Verlag, New York, Wien, 2011

ESCUDERO A., CAMPO E., FARIÑA L., CACHO J., FERREIRA V. Analytical Characterization of the Aroma of Five Premium Red Wines. Insights into the Role of Odor Families and the Concept of Fruitiness of Wines. Journal of Agricultural and Food Chemistry 2007, 55, 4501−4510

FISCHER U., DUPIN I., SCHLICH P. Differenzierung ökologisch und konventionell erzeugter kommerzieller Weine anhand ihrer sensorischen Profile und Aromazusammensetzung. Niederschrift über die Tagung des Bundesausschusses für Weinforschung, Mayschoß/Ahr, 2001, 101-119

GALMARINI M.V., LOISEAU A.-L, VISALLI M., SCHLICH P. Use of Multi-Intake Temporal Dominance of Sensations (TDS) to Evaluate the Influence of Cheese on Wine Perception. Journal of Food Science 2016, 81 (10), 2566-2577

HEIN K., EBERLE S.E., HEYMANN H. Perception of fruity and vegetative aromas in red wine. Journal of Sensory Studies 2009, 24, 441-455

HERRERO P., SÁENZ-NAVAJAS P., CULLERÉ L., FERREIRA V., CHATIN A., CHAPERON V., LITOUX-DESRUES F., ESCUDERO A. Chemosensory characterization of Chardonnay and Pinot Noir base wines of Champagne. Two very different varieties for a common product. Food Chemistry 2016, 207, 239–250

MCRAE J.M., SCHULKIN A., KASSARA S., HOLT H.E., SMITH P.A. Sensory Properties of Wine Tannin Fractions: Implications for In- Mouth Sensory Properties. Journal of Agricultural and Food Chemistry 2013, 61, 719–727

MEILLON S., URBANO C., SCHLICH P. 2009. Contribution of the temporal dominance of sensations (TDS) method to the sensory description of subtle differences in partially dealcoholized red wines. Food Quality and Preference 2009, 20, 490–9

RODRIGUES H., SÁENZ-NAVAJAS M.P., FRANCO-LUESMA E., VALENTIN D., FERNÁNDEZ-ZURBANO P., FERREIRA V., DE LA FUENTE BLANCO A., BALLESTER J. Sensory and chemical drivers of wine minerality aroma: An application to Chablis wines. Food Chemistry 2017, 230, 553–562

SÁENZ-NAVAJAS M.P., AVIZCURI J.M., BALLESTER J., FERNÁNDEZ-ZURBANO P., FERREIRA V., PEYRON D., VALENTIN D. Sensory-active compounds influencing wine experts' and consumers' perception of red wine intrinsic quality. LWT - Food Science and Technology 2015, 60, 400-411

SAN-JUAN F., FERREIRA V., CACHO J. AND ESCUDERO A. Quality and aromatic sensory descriptors (mainly fresh and dry fruit character) of Spanish red wines can be predicted from their aroma-active chemical composition. Journal of Agricultural and Food Chemistry 2011, 59, 7916–7924

SWIEGERS J.H., BARTOWSKY E.J., HENSCHKE P.A., PRETORIUS I.S. Yeast and bacterial modulation of wine aroma and flavour. Australian Journal of Grape and Wine Research 2005, 11, 139–173

WANG J., CAPONE D. L., WILKINSON K.L., JEFFERY D.W. Chemical and sensory profiles of rosé wines from Australia. Food Chemistry 2016, 196, 682–693

Bier

ARRIETA A., RODRIGUEZ-MENDEZ M., DE SAJA J., BLANCO C., NIMUBONA D. Prediction of Bitterness and alcoholic strength in beer using an electronic tongue. Food Chemistry 2010, 123, 642-646

BAMFORTH C. Beer: Health and Nutrition. Blackwell Science Ltd, Oxford, 2004

DE KEUKELEIRE D. Fundamentals of beer and hop chemistry. Quimica Nova 2000, 23, 108–112

FRANCOIS N., GUYOT-DECLERCK C., HUG B., CALLEMIEN D., GOVAERTS B., COLLIN S. Beer astringency assessed by time–intensity and quantitative descriptive analysis: Influence of pH and accelerated aging. Food Quality and Preference 2006, 17, 445–452

HANGHOFER H. Bier brauen nach eigenem Geschmack. BLV Verlagsgesellschaft mbH, München, 1999

HUGHES P. Identification of Taste- and Aroma-Active Components of Beer. In Beer in Health and Disease Prevention. Preedy V. (ed). Academic Press, Elsevier Inc., San Diego, 2008

MEILGAARD M., DALGLIESH C., CLAPPERTON J. Beer Flavour Terminology. Journal of the Institute of Brewing 1979, 85, 38-42

MISSBACH B., MAJCHRZAK D., SULZNER R., WANSINK B., REICHEL M., KÖNIG J. Exploring the flavor life cycle of beers with varying alcohol content. Food Science and Nutrition 2017, 5 (4), 889-895

PARKER D. Beer: production, sensory characterictics and sensory analysis. Alcoholic Beverages: Sensory evaluation and consumer research. Woodhead Publishing, Cambridge, 2012

PERPÈTE P., GIJS L., COLLIN S. Methionine, a key amino acid for flavour biosynthesis in beer. Brewing Yeast Fermentation Performance (2nd Edition), Blackwell Science Ltd., Oxford, 2003

ÖSTERREICHISCHES LEBENSMITTELBUCH (Codex Alimentarius Austriacus): Kapitel B13 Bier – Wien, 1.8.2017

SULZNER R.B. Vergleich der Bewertung von ausgewählten sensorischen Eigenschaften in alkoholhaltigen, alkoholreduzierten und alkoholfreien Bieren anhand von Temporal Dominance of Sensations (TDS). Masterarbeit, Department der Ernährungswissenschaften, Universität Wien, 2016

TAYLOR B, ORGAN G. Handbook of Brewing: Processess, Technology, Markets. Wiley-CVH Verlag, Weinheim, 2009

VANHOENACKER H, DE KEUKELEIRE D, SANDRA P. Analysis if iso-α-acids and reduced iso-α-acids in beer direct injec-tion and liquid chromatography with ultraviolet absorbance detection or with mass spectrometry. Journal of Chromatography A 2004, 1035, 53-61

Spirituosen

EBERMANN R., ELMADFA I. Lehrbuch Lebensmittelchemie und Ernährung. 2. korrigierte und erweiterte Auflage. Springer Verlag, New York, Wien, 2011

GIN FOUNDRY. Gin Tasting Wheel, London, 2014

LEE M., PATERSON A., PIGGOTT R. Origins of flavours In whiskies and revised Flavour wheel: A Review. Journal of the Institute of Brewing 2001, 107 (5), 287-313

MC DONNELL E., HULIN-BERTAUD S., SHEEHAN E.M., DELAHUNTY C.M. Development and learning process of a sensory vocabulary for the odor evaluation of selected distilled beverages using descriptive analysis. Journal of Sensory Studies 2001, 16, 425-445

MACLEAN C., MACLEAN S. Whiskey Wheel, Schottland, 2000

ÖSTERREICHISCHES LEBENSMITTELBUCH IV. Auflage, Codexkapitel / B 23 / Spirituosen, Wien, 2015

Erfrischungsgetränke

Mineralwasser

LAWLESS H., RAPACKI F., HORNE J., HAYES A.: The taste of calcium and magnesium salts and anionic modifications, Food Quality and Preference 2003, 14, 319–325

MAJCHRZAK D. Bericht zur sensorischen Evaluierung von Mineralwasser mittels QDA. Department der Ernährungswissenschaften, Universität Wien, 2015

REY-SALGUEIRO L., GOSÁLBEZ-GARCÍA A., PÉREZ-LAMELA C., SIMAL-GÁNDARA J., FALQUÉ-LÓPEZ E. Training of panellists for the sensory control of bottled natural mineral water in connection with water chemical properties, Food Chemistry 2013, 141, 625-636

SIPOS L., KOVÁCS Z., SÁGI-KISS V., CSIKI T., KÓKAI Z., FEKETE A., HÉBERGER K. Discrimination of mineral waters by electronic tongue, sensory evaluation and chemical analysis. Food Chemistry 2012, 135, 2947-2953

SIPOS L. Sensory evaluation of mineral waters by profile analysis. Acta Alimentaria 2011, 40 (1) 19-26

TEILLET E., URBANO C., CORDELLE S., SCHLICH P. Consumer perception and preference of bottled and tap water. Journal of Sensory Studies 2010, 25, 463-480

WORLD HEALTH ORGANIZATION. Guidelines for drinking-water quality: fourth edition incorporating the rst addendum. Geneva: World Health Organization; 2017

YAU N., McDANIEL M. Carbonation Interactions with Sweetness and Sourness. Journal of Food Science 2006, 57 (6), 1412-1416

Kakaoerzeugnisse

BECKETT S. T. The Science of Chocolate. RSC Publishing, Cambridge, 2008

BELITZ H. D., GROSCH W, SCHIEBERLE P. Lehrbuch der Lebensmittelchemie. Springer-Verlag, Berlin Heidelberg, 2008

BERGHOFER E. Produktion und Verarbeitung von Lebensmitteln – 2. Aufl. Broschüre der Kammer für Arbeiter und Angestellte, Wien, 2000, 41

BÖHM A. Dunkle Schokolade: Ausprägung der sensorischen Eigenschaften in Abhängigkeit vom Kakaoanteil, Diplomarbeit, Department für Ernährungs-wissenschaften, Universität Wien, 2010

CEO S, CEO M. Die wahre Geschichte der Schokolade. S. Fischer Verlag GmbH, Frankfurt/Main, 1997

DE MELO L.L.M.M, BOLINI H.M.A., EFRAIM P. Sensory profile, acceptability, and their relationship for diabetic/reduced calorie chocolates. Food Quality and Preference 2009, 20, 138-143

DIMICK P. S., HOSKIN J. C. The Chemistry of Flavour Development in Chocolate. In: Industrial Chocolate Manufacture and Use, (Beckett S T, Hrsg.), Blackwell Science Ltd, Oxford, 1999

EBERMANN R., ELMADFA I. Lehrbuch Lebensmittelchemie und Ernährung. 2. korrigierte und erweiterte Auflage. Springer Verlag, New York, Wien, 2011

FRANZKE C. Allgemeines Lehrbuch der Lebensmittelchemie. Behr's Verlag, Hamburg, 1996

GUINARD J-X., MAZZUCCHELLI R. Effects of sugar and fat on the sensory properties of milk chocolate: descriptive analysis and instrumental measurements. Journal of the Science of Food and Agriculture 1999, 79, 1331-1339

MAJCHRZAK D. Bericht zur sensorischen Evaluierung von Milchschokolade mittels QDA. Department der Ernährungswissenschaften, Universität Wien, 2015

MISNAWI, JINAP S., JAMILAH B., NAZAMID S. Sensory properties of cocoa liquor as affected by polyphenol concentration and duration of roasting. Food Quality and Preference 2004, 15, 403-409

MORTON M., MORTON M. Schokolade. Franz-Deuticke-Verlagsgesellschaft mbH, Wien, 1995

ÖSTERREICHISCHES LEBENSMITTELBUCH IV. Auflage, Codexkapitel / B 15 / Kakao- und Schokoladeerzeugnisse, Lebensmittel mit Kakao-erzeugnissen oder Schokoladen, Wien, Änderungen, Ergänzungen 22.12.2017

RAMLI N., HASSAN O., SAID M., SAMSUDIN W., IDRIS N. A. Influence of Roasting Conditions on volatile Flavor of roasted Malaysian cocoa beans. Journal of Food Processing and Preservation 2006, 30, 280-298

SUNE F.S., LACROIX P., DE KERMADEC F.H. A comparison of attribute use by children and experts to evaluate chocolate. Food Quality and Preference 2002, 13, 545-553

STARK T., BAREUTHER S., HOFMANN T. Molecular Definition of the Taste of Roasted Cocoa Nibs (Theobroma cacao) by Means of Quantitative Studies and Sensory Experiments. Journal of Agricultural and Food Chemistry 2006, 54, 5530-5539

THAMKE I., DÜRRSCHMID K., ROHM H. Sensory description of dark chocolates by consumers. Food Science and Technology 2009, 42, 534-539

WENDELIN M. P. Physikalische und sensorische Charakterisierung dunkler Schokoladen. Diplomarbeit der Universität für Bodenkultur, 2007

Kaffee und Tee

Kaffee

BHUMIRATANA N., ADHIKARI K., CHAMBERS E. Evolution of sensory aroma attributes from coffee beans to brewed coffee. LWT- Food Science and Technology 2011, 44, 2185–2192

CHAMBERS E. IV., SANCHEZ K., PHAN U., MILLER R., CIVILLE G.V., DONFRANCESCO B.D. Development of a "living" lexicon for descriptive sensory analysis of brewed coffee. Journal of Sensory Studies 2016, 31, 465–480

CZERNY M., MAYER F., GROSCH W. Sensory study on the character impact odorants of roasted arabica coffee. Journal of Agricultural Food Chemistry 1999, 47, 695-699

DONFRANCESCO DI B., GUTIERREZ GUZMAN N., CHAMBERS E. Comparison of results from cupping and descriptive sensory analysis of Colombian brewed coffee. Journal of Sensory Studies 2014, 29, 301–311

EBERMANN R., ELMADFA I. Lehrbuch Lebensmittelchemie und Ernährung. 2. korrigierte und erweiterte Auflage. Springer Verlag, New York, Wien, 2011

HAYAKAWA F., YUKARI K., WAKAYAMA H. O., HIROYUKI T., MAEDA G., HOSHINO C., MIYABAYASHI T. Sensory lexicon of brewed coffee for Japanese consumers, untrained coffee professionals and trained coffee tasters. Journal of Sensory Studies 2010, 25, 917–939

HESSMANN-KOSARIS A. Kaffee - der gesunde Muntermacher; seine positiven Wirkungen auf Körper und Seele; 1. Auflage, Mosaik bei Goldmann Verlag, München 2006

HORVATH M. Modifikation der Flavourattribute von Filterkaffee durch Vollmilch (3,6%)-und Leichtmilch (0,1%). Masterarbeit, Department für Ernährungswissenschaften, Universität Wien, 2012

KEAST R. S. J. Modification of the bitterness of caffeine. Food Quality and Preference 2008, 19, 465–472

KREUML M. Veränderung ausgewählter Inhaltsstoffe und der sensorischen Eigenschaften von Kaffee während einer Lagerdauer von 9 Monaten. Diplomarbeit, Department für Ernährungswissenschaften, Universität Wien, 2010

KREUML M., MAJCHRZAK D., PLOEDERL B., KOENIG, J. Changes in sensory quality characteristics of coffee during storage. Food Science and Nutrition 2013, 1, 267–272

MAKRI E., TSIMOGIANNIS D., DERMESONLUOGLU E.K., TAOUKIS P.S. Modeling of Greek coffee aroma loss during storage at different temperatures and water activities. Procedia Food Science 2011, 1, 1111–1117

NEBESNY E., BUDRYN G. Evaluation of sensory attributes of coffee brews from robusta coffee roasted under different conditions. European Food Research Technology 2006, 224, 159-165

PLÖDERL B. Veränderung ausgewählter Inhaltsstoffe und der sensorischen Eigenschaften von Kaffee während einer Lagerung von 10 bis 18 Monaten. Diplomarbeit, Department für Ernährungswissenschaften, Universität Wien, 2011

ROSS C. F., PECKA K., WELLER K. Effect of storage conditions on the sensory quality of ground Arabica coffee. Journal of Food Quality 2006, 29, 596–606

SANCHEZ K., CHAMBERS E. How does product preparation affect sensory properties? An example with coffee. Journal of Sensory Studies 2015, 30, 499–511

SANCHEZ K. Development of a coffee lexicon and determination of differences among brewing methods. Master Thesis, University of Costa Rica 2011, Kansas State University 2015

SANTOS SCHOLZ DOS M.B., NOGUEIRA DA SILVA J.V., GARCIA DE FIGUEIREDO V.R., GOOD KITZBERGER C.S. Sensory attributes and physico-chemical characteristics of the coffee beverage from the Iapar cultivars, Coffee Science Lavras 2013, 8 (1), 5-14

SCHWEDT G. Taschenatlas der Lebensmittelchemie, 2. Auflage, Wiley-VCH, Weinheim 2005

SEO H. S., LEE S. Y., HWANG I. Development of sensory attribute pool of brewed coffee. Journal of Sensory Studies 2009, 24, 111–132

SOBREIRA F. M., DE OLIVEIRA A.C., PEREIRA A. A., COELHO SOBREIRA M. F., SAKYIAMA N.S. Sensory quality of arabica coffee (Coffea arabica) genealogic groups using the sensogram and content analysis. Australian Journal of Crop Science 2015, 9 (6), 486-493

TEUFL C., CLAUSS S. Kaffee: Die kleine Schule; Zabert Sandmann Verlag, München 1998

THORN J. Kaffee: Das Handbuch für Genießer. Evergreen, Köln 1999

TOCI, A. T., NETO V. J. M. F., TORRES A.G., FARAH A. Changes in triacylglycerols and free fatty acids composition during storage of roasted coffee. LWT-Food Science and Technology 2013, 50, 581–590

WINTGENS J. N. Coffee: growing, processing, sustinable production: a guidebook for growers, processors, traders and researchers. Wiley-WCH, Weinheim 2004

WODA M. Untersuchungen von Espresso und Filterkaffee im Bezug auf die Totale Antioxidative Kapazität und die sensorischen Eigenschaften mit und ohne Milch. Diplomarbeit, Department für Ernährungswissenschaften, Universität Wien, 2009

Tee (Grün, Oolong, Schwarz)

CHATURVEDULA V.S., PRAKASH I. The aroma, taste, color and bioactive constituents of tea. Journal of Medicinal Plants Research 2011, 5(11), 2110-2124

EBERMANN R., ELMADFA I. Lehrbuch Lebensmittelchemie und Ernährung. 2. korrigierte und erweiterte Auflage. Springer Verlag, New York, Wien, 2011

HO C.-T., ZHENG X., LEE S. Tea aroma formation. Food Science and Human Wellness 2015, 4, 9–27

LEE J., CHAMBERS D.H. A lexicon for flavour descriptive analysis of green tea. Journal of Sensory Studies 2007, 22, 256–272

LEE J., DELORES H., CHAMBERS E., ADHIKARI K., YOUNGMO Y. Volatile Aroma Compounds in Various Brewed Green Teas. Molecules 2013, 18, 10024-10041

PRAKASH I., DUBOIS G.E., CLOS J.F., WILKENS K.L., FOSDICK L.E. Development of rebiana, a natural, non-caloric sweetener. Food and Chemical Toxicology 2008, 46, 75- 82

SAß M. Anwendung von Stevia in Getränken – Herausforderungen und Lösungen. Journal für Verbraucherschutz und Lebensmittelsicherheit 2010, 5, 231-235

Würzmittel

Senf

KELLNER A. Sensorische, analytische und mikrobiologische Eigenschaften von Kremser Senf – nach Verfahrensänderungen und im Zuge der Lagerung. Masterarbeit, Department für Ernährungswissenschaften, Universität Wien, 2013

MAJCHRZAK D. Bericht zur sensorischen Evaluierung von Senf mittels QDA. Department für Ernährungswissenschaften, Universität Wien, 2016

MUSTE S., CERBU A.E., MUREŞAN C., MAN S., MURESAN V., BIROU A., CHIRCU C. Studies on Physicochemical and Sensory Attributes of New Varieties of Mustard Cream. Bulletin of University of Agricultural Sciences and Veterinary Medicine Cluj-Napoca, 2010, 67(2), 341

ÖSTERREICHISCHES LEBENSMITTELBUCH, IV. Auflage, Codexkapitel/ B29/ Senf, 22.12.2017

PAUNOVIC D., SOLEVIC KNUDSEN T., KRIVOKAPIC M., ZLATKOVIC B., ANTIC M. Sinalbin degradation productions in mild yellow mustard paste. Faculty of Agriculture, University of Belgrad, Serbia, 2011, 3